住房城乡建设部土建类学科专业"十三五"规划教材

高等学校城乡规划专业系列推荐教材

城乡规划定量分析方法

赵丽元 著

中国建筑工业出版社

审图号：GS（2021）3120 号

图书在版编目（CIP）数据

城乡规划定量分析方法 / 赵丽元著 . —北京：中国建筑工业出版社，2020.12

住房城乡建设部土建类学科专业"十三五"规划教材

高等学校城乡规划专业系列推荐教材

ISBN 978-7-112-25820-8

Ⅰ.①城…　Ⅱ.①赵…　Ⅲ.①城乡规划—定量分析—高等学校—教材　Ⅳ.① TU984

中国版本图书馆 CIP 数据核字（2021）第 000295 号

本教材介绍了城乡规划常用的定量分析技术方法及其应用。内容分为基础篇、提高篇和应用篇，由浅入深，从操作技术基础到编程开发应用，涵盖 ArcGIS、遥感、SPSS、MATLAB 和 Python 等多种工具在城市规划中的应用。具体包括 GIS 空间分析、ENVI 遥感图像处理、数理回归统计、Python 空间建模和人工智能技术应用等，并附有操作数据与程序代码。除传统规划空间数据分析外，本书还介绍了公交刷卡数据、街景数据和房价数据的爬取方法与分析应用。以案例串讲形式贯穿全书，充分面向读者，采用逻辑归纳、技术路线阐释，使得技术方法易懂且适用。本书可作为城乡规划、交通规划等相关领域和专业的本科生、研究生教材，也适用于城乡规划设计的一线工作人员。

为更好地支持本课程的教学，我们向使用本书的教师免费提供教学课件，有需要者请与出版社联系，邮箱：jgcabpbeijing@163.com。

责任编辑：杨　虹　周　觅

责任校对：李美娜

住房城乡建设部土建类学科专业"十三五"规划教材

高等学校城乡规划专业系列推荐教材

城乡规划定量分析方法

赵丽元　著

*

中国建筑工业出版社出版、发行（北京海淀三里河路 9 号）

各地新华书店、建筑书店经销

北京雅盈中佳图文设计公司制版

北京中科印刷有限公司印刷

*

开本：787 毫米 ×1092 毫米　1/16　印张：13$\frac{1}{4}$　字数：262 千字

2021 年 8 月第一版　2021 年 8 月第一次印刷

定价：58.00 元（赠教师课件）

ISBN 978-7-112-25820-8

（37070）

前言

　　本教材从交叉学科视角，提供面向城市规划专业方向的空间定量分析方法，涵盖地理学、信息统计学和计算机科学等理论方法应用。以理论为基础、以应用为目的的编写原则，结合 ArcGIS、MATLAB、SPSS 和 ENVI 遥感等软件实操，内容采用规划实践案例驱动方式进行展开。教材分为三部分内容：基础篇、提高篇和应用篇，适用于不同基础的读者。

　　作者基于自身城乡规划、交通运输和信息科学等交叉学科背景，结合近八年来在华中科技大学开设的"城乡信息及其分析"课程，对城乡规划定量分析方法应用进行深刻解读，最终形成本教材。

　　本教材的编写得到了华中科技大学建筑与城市规划学院的领导、老师的关心和大力支持。在编写基础篇容积率、聚类插值部分的过程中还得到了武汉大学牛强老师的协助，在此深表谢意！同时感谢参与编写与内容整理的研究生，包括韦佳伶、王书贤、李珊、陈若宇、刘若一、刘晶晶等。

　　本教材可结合华中科技大学本科课程平台中"城乡信息及其分析"的课程视频学习，可助进一步掌握教材内容。

目录

提高篇

应用篇

基础篇

第 1 章

适 宜 性 评 价

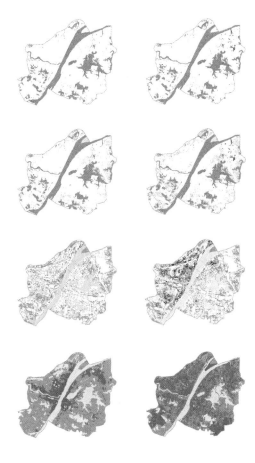

　　适宜性分析被广泛应用于城市规划中。其应用范围基本分为五大类：一是城市建设用地的评价，二是农业用地的评价，三是自然保护区或旅游区用地的评价，四是区域规划和景观规划，五是项目选址以及环境影响评价。其中，最常用到的是城市建设用地的适宜性评价。城市建设用地适宜性评价，即根据各项土地利用的要求，分析区域土地开发利用的适宜性，确定区域开发的制约因素，从而寻求最佳的土地利用方式和合理的规划方案[1]。在规划前期对区域用地进行适宜性评价，为确定城市布局和环境保护提供参考，是规划的重要依据。合理确定可适宜发展的用地不仅是各项专题规划的基础，而且对城市的整体布局、社会经济发展将产生重大影响。

　　适宜性评价的过程分为三大步骤：①确定因子，并进行归一化；②确定权重；③叠加分析，对权重与因子加权求和。

1.1　DEM 数据下载

1.1.1　基本介绍

　　高程是城市建设用地适宜性评价的重要因子之一。数字高程模型（Digital Elevation Model），简称 DEM，通过地形高程数据实现对地面地形的数字化模拟。基于 DEM，可生成坡度、坡向及坡度变化率等地貌特性因子。DEM 可以通过多种途径下载，包括地理空间云数据网站、谷歌地球、太乐地图等。地理空间数据云是一个地学数据资源开放平台，提供多种卫星产品的遥感影像数据及 DEM 数字高程数据的下载渠道，本节以在地理空间数据云下载 DEM 为例，介绍 DEM 获取的详细步骤。

1.1.2 实验步骤

步骤 1： 进入"地理空间数据云"官方网站：http：//www.gscloud.cn/，注册账号后进行登录，单击"DEM 数字高程模型"，选中"高级检索"。

步骤 2： 利用高级检索进行所需要区域的 DEM 下载。

（1）输入下载行政区范围，数据集选择 DEM 数字高程数据，点击右方【确定】按钮。

（2）点击时间范围后的【搜索】按钮；点击下载图标下载数据，即可得到所选行政范围的 DEM 网格数据。

下载完的数据，需要根据行政范围进行截取处理，并采用地理配准矫正。本章提供的案例数据类型为 GDEM 30 米分辨率数字高程数据，其他数据类型可根据需要在网站进行选择。

1.2 因子确定与分类

1.2.1 基本介绍

影响土地开发建设的因素很多，包括社会、经济、生态等一系列因素，应该综合考虑用地现状、开发目标、性质以及当前城建出现的问题等因素确定。同时，不同范围的用地适宜性评价，其评价因子也会有偏差。各因子自身的原始数据取值范围不同，评价标准也不同，需对各因子的属性值进行重分类、归一化。本章以某城市适宜性分析为案例，考虑高程、坡度和地表起伏度三个因子，介绍因子生成和归一化的操作。实际的适宜性分析需考虑到的因子很多，本节重在方法，读者自行分析应用时，可根据需要，参照本节方法步骤进行更多因子选取。技术路线如图 1-1 所示。

本节应用到的数据：

（1）贵州省行政边界数据。

（2）贵州省 30 米分辨率 DEM 数据。

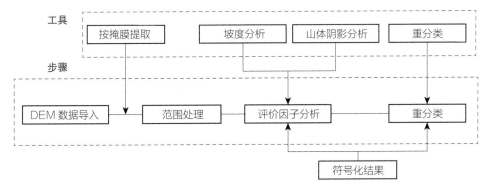

图 1-1 技术路线图

1.2.2　实验步骤

步骤 1：数据导入及范围处理

（1）数据导入

➤ 栅格数据导入 ArcGIS：启动 ArcGIS，在【目录】中浏览到随书数据【D：\实验数据\基础篇\用地适宜性评价\数据分类方法\基础数据】文件（扫描二维码 1–1 下载），将"安顺_县.shp"及栅格数据"贵州.tif"两个文件拉至内容列表，如图 1–2 所示。

二维码 1-1

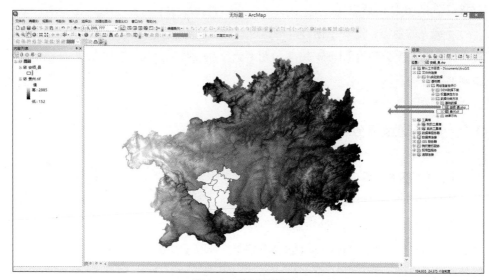

图 1-2　数据导入界面

（2）分析范围的 DEM 数据提取

➤ 按掩膜提取（工具查找方法一）：根据路径【系统工具箱】→【Spatial Analyst Tools.tbx】→【提取分析】→【按掩膜提取】，打开【按掩膜提取】对话框，并按照图 1–3、图 1–4 设置。

图 1-3　按掩膜提取工具位置图

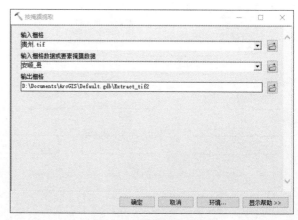

图 1-4　按掩膜提取对话框

➢ 按掩膜提取（工具查找方法二）：根据路径【窗口】→【搜索】打开搜索窗口（快捷键"Ctrl+F"），在搜索栏中点击【工具】，并在搜索框中输入"按掩膜提取"进行检索，在检索结果中点击工具【按掩膜提取】，打开【按掩膜提取】对话框，如图 1-5 所示。

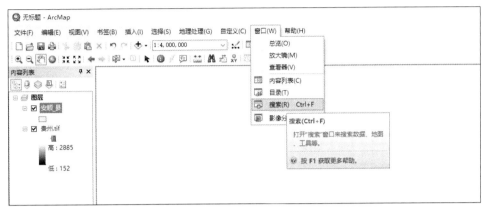

图 1-5　利用【搜索】窗口查找所需工具

步骤 2：高程分析

符号化功能

➢ 打开图层属性：双击【按掩膜提取】后的图层，或右击图层后单击【属性】，打开【图层属性】对话框，如图 1-6 所示。

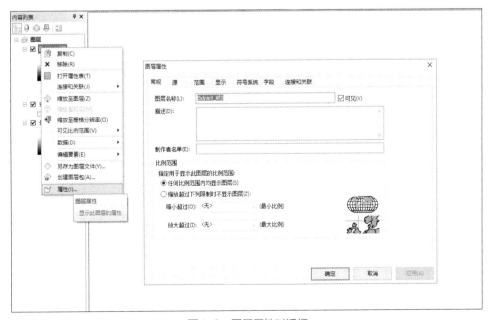

图 1-6　图层属性对话框

➢ 符号化显示：在【符号系统】中点击【拉伸】，选择合适的【色带】，并如下设置，得到更直观的显示结果，如图 1-7、图 1-8 所示。

城乡规划定量分析方法

步骤 3：地表起伏度分析

（1）【山体阴影】工具分析

➢ 山体阴影分析：根据路径【系统工具箱】→【Spatial Analyst Tools.tbx】→【表面分析】→【山体阴影】，打开【山体阴影】对话框，如图 1-9 所示。

图 1-7 图层属性对话框设置

图 1-9 山体阴影对话框

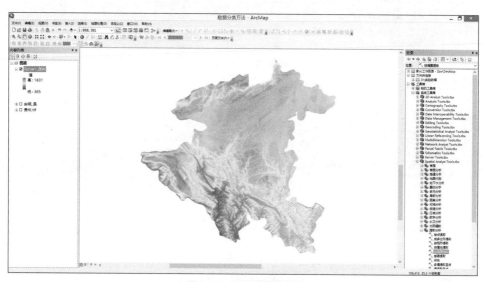
图 1-8 高程分析结果

（2）符号化显示

➢ 符号化显示：在【图层属性】→【符号系统】→【已分类】中进行合理设置，如图 1-10 所示。

（3）属性值分类

➢ 利用重分类方法：根据路径【系统工具箱】→【Spatial Analyst Tools.tbx】→【重分类】→【重分类】，打开【重分类】对话框，点击【分类】进行合理设置，如图 1-11、图 1-12 所示。

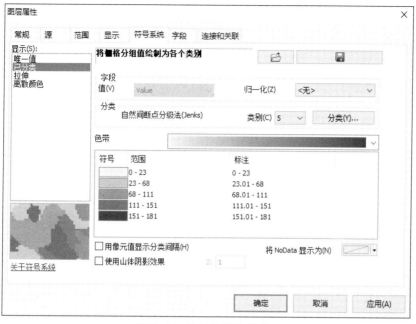

图1-10 符号化设置对话框

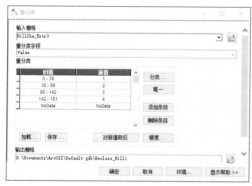

图1-11 重分类对话框

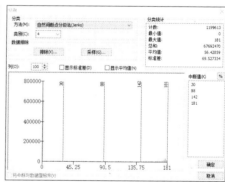

图1-12 分类对话框

步骤4：坡度分析

（1）【坡度】工具分析

➤ 坡度分析：根据路径【系统工具箱】→【Spatial Analyst Tools.tbx】→【表面分析】→【坡度】，打开【坡度】对话框，并进行设置，如图1-13、图1-14所示。

图1-13 坡度对话框

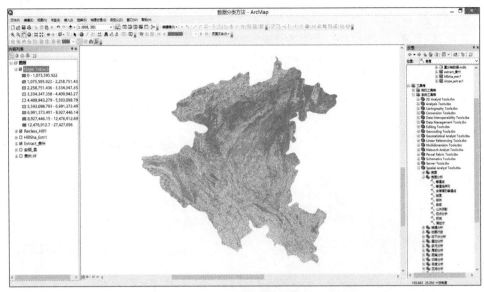

图1-14　坡度分析结果

（2）属性值分类

➤ 重分类方法：根据路径【系统工具箱】→【Spatial Analyst Tools.tbx】→【重分类】→【重分类】，打开【重分类】对话框，点击【分类】进行合理设置，如图1-15所示。

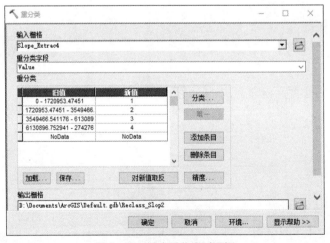

图1-15　坡度重分类对话框

适宜性分析的适宜性因子需要进行合理选择，本章只选取了几个简单因子作为示例分析。在实际操作过程中应当根据不同范围选择不同的评价因子，例如采用距离分析工具计算可达性因素。适宜性因子评价分类不同，结果会有所差异。

1.3 权重确定方法

1.3.1 基本介绍

评价因子对评价结果的影响程度具有差异，即各因子的权重不同，因此，需要计算各因子权重，再进行加权求和。权重的确定可参考经验值或运用定量分析方法，如 AHP（层次分析法）、信息熵法[2]。本节介绍层次分析法的运用，步骤结构图见图 1–16。

图1-16　技术路线图

本节应用到的数据：

（1）贵州省安顺市行政边界数据。数据类型：.shp。

（2）贵州省 30 米分辨率 DEM 数据。数据类型：.tif。

1.3.2 实验步骤

步骤 1：利用层次分析法确定各评价因子权重

（1）建立层次结构模型

绘制层次结构图：将决策过程分为目标层、准则层和方案层，如图 1–17 所示。其中目标层代表决策的问题，即适宜性分析；准则层为考虑的因子，即坡度、地表起伏度等；方案层为结果，即适建区、限建区、禁建区。

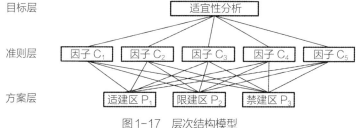

图1-17　层次结构模型

（2）构造判断矩阵

一致矩阵法：在确定各层次各因素之间的权重时，为保证客观性，采用两两比较，计算相对重要性的方法以提高准确度。判断矩阵是表示本层所有因素针对上一层某一个因素的相对重要性的比较。判断矩阵的元素 a_{ij} 标度方法可参考表 1–1。

判断矩阵元素的标度方法   表 1-1

标度	含义
1	表示两个因素相比，具有同样重要性
3	表示两个因素相比，一个因素比另一个因素稍微重要
5	表示两个因素相比，一个因素比另一个因素明显重要
7	表示两个因素相比，一个因素比另一个因素强烈重要
9	表示两个因素相比，一个因素比另一个因素极端重要
2、4、6、8	上述两相邻判断的中值
倒数	因素 i 与 j 比较的判断 a_{ij}，则因素 j 与 i 比较的判断 $a_{ji}=1/a_{ij}$

计算比较各准则 C_1，C_2，$\cdots$，C_n 对目标 O 的重要性：

$$C_i ： C_j \Rightarrow a_{ij}, \ A=(a_{ij})_{n \times n}, \ a_{ij}>0, \ a_{ji}=1/a_{ij}$$

可以看出，A 是正互反阵。

（3）判断矩阵的一致性检验

➤ 一致性指标：虽然在构造判断矩阵 A 时并不要求判断具有一致性，但判断偏离一致性过大也是不允许的。因此需要对判断矩阵 A 进行一致性检验。由于 λ 连续的依赖于 a_{ij}，则 λ 比 n 大的越多，A 的不一致性越严重。用最大特征值对应的特征向量作为被比较因素对上层某因素影响程度的权向量，其不一致程度越大，引起的判断误差越大。因而可以用 $\lambda-n$ 数值的大小来衡量 A 的不一致程度。

$$CI = \frac{\lambda - n}{n - 1}$$

➤ 一致性比率：为衡量 CI 的大小，引入随机一致性指标 RI。

$$CR = \frac{CI}{RI}$$

一般，当一致性比率 $CR < 0.1$ 时，认为 A 不一致程度在容许范围之内，有满意的一致性，通过一致性检验。可用其归一化特征向量作为权向量，否则要重新构造成对比较矩阵 A，对 a_{ij} 加以调整。

准则层对目标的成对比较矩阵

$$A = \begin{bmatrix} 1 & 1/2 & 4 & 3 & 3 \\ 2 & 1 & 7 & 5 & 5 \\ 1/4 & 1/7 & 1 & 1/2 & 1/3 \\ 1/3 & 1/5 & 2 & 1 & 1 \\ 1/3 & 1/5 & 3 & 1 & 1 \end{bmatrix}$$

最大特征根 λ=5.073

权向量（特征向量）$w=(0.263，0.475，0.055，0.090，0.110)^T$

一致性指标 $CI = \dfrac{5.073-5}{5-1} = 0.018$

随机一致性指标 RI=1.12（随书数据，查表），一致性比率 CR=0.018/1.12=0.016<0.1，通过一致性检验。

（4）准则层权重叠加

计算权重就是矩阵每行分值与总分值的比值。

$$A = \begin{bmatrix} 1 & 1/2 & 4 & 3 & 3 \\ 2 & 1 & 7 & 5 & 5 \\ 1/4 & 1/7 & 1 & 1/2 & 1/3 \\ 1/3 & 1/5 & 2 & 1 & 1 \\ 1/3 & 1/5 & 3 & 1 & 1 \end{bmatrix} \begin{matrix} =1+1/2+4+3+3=11.5 \\ =20 \\ =2.226 \\ =4.833 \\ =5.833 \end{matrix}$$

$$C_1 = \frac{11.5}{44.392} = 0.259$$

数值 0.259 即为 C_1 的权重值，同样可得到其他因子的权重，且所有权重求和值为 1。

步骤 2：因子评价计算，叠加分析

（1）叠加分析

➤ 加权总和（方法一）：根据路径【系统工具箱】→【Spatial Analyst Tools.tbx】→【叠加分析】→【加权总和】，选择【加权总和工具】，打开【加权总和】对话框，输入各评价因子的重分类的数据，并相应在权重栏输入各因子的权重，点击【确定】，如图 1-18 所示。

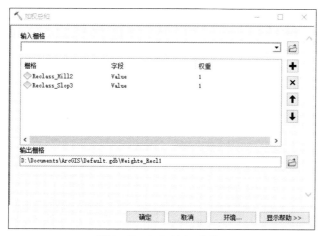

图 1-18　加权总和对话框

➤ 栅格计算器（方法二）：根据路径【系统工具箱】→【Spatial Analyst Tools. tbx】→【地图代数】→【栅格计算器】，打开【栅格计算器】对话框，输入相应计算式进行加权叠加计算，如图 1-19 所示。

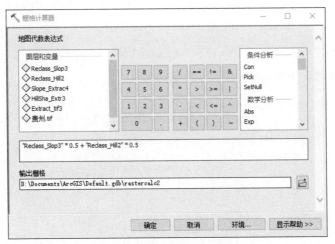

图1-19　栅格计算器对话框

（2）符号化结果及地图输出

➤ 符号化结果：点击【图层属性】→【符号系统】→【拉伸】→【标注】，在弹出的【高级标注】对话框中对不同的分值进行相应标注，如图 1-20 所示。

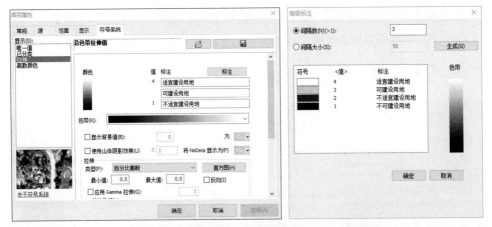

图1-20　符号化结果

➤ 地图布局：点击导航栏【视图】，单击【布局视图】切换为布局视图，在【插入】栏中依次选择【图例】、【指北针】、【比例尺】进行插入，过程见图 1-21~图 1-23。

图1-21　布局视图切换示意

图1-22　布局要素插入示意

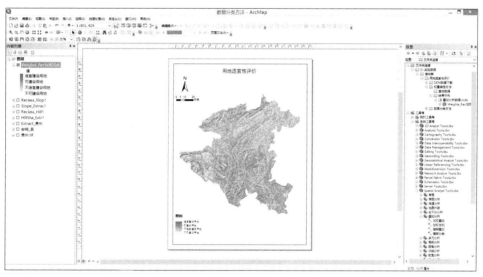

图1-23　布局结果

> 地图输出：点击导航栏【文件】→【导出地图】，可将结果导出成为多种格式的文件进行储存。

1.4　小结

本章介绍了适宜性评价的 ArcGIS 操作实现，包括：DEM 下载及处理方法，因子生成与分类、权重确立方法和加权叠加等，可以为读者提供操作指南。当前，国家生态文明建设不断推进，对土地的优化配置和精细化管理提出了更高要求。双评价，即资源环境承载力评价和国土空间开发的适宜性评价，是国土空间规划体系基本内容之一。本章介绍的方法步骤同样适用于双评价，不同之处在于评价因子的选取。

　　需要指出的是，不同空间对象的用地适宜性评价，其因子选择、因子归一化分类都具有差异性，且权重确定方法也没有唯一标准，导致适宜性分析难有标准答案。因此，在进行适宜性分析的时候，应本着科学的原则，结合研究对象特征，谨慎考虑每个环节，得出客观的评价结果。

参考文献

[1]　李坤，岳建伟. 我国建设用地适宜性评价研究综述 [J]. 北京师范大学学报（自然科学版）. 2015，51（S1）：107-113.

[2]　尹海伟，张琳琳，孔繁花，等. 基于层次分析和移动窗口方法的济南市建设用地适宜性评价 [J]. 资源科学，2013，35（3）：530-535.

第 2 章

土 地 利 用 分 析

　　用地是城市规划开展的空间基础。科学评估、分析用地有助于提升规划的空间合理性。本章以某城市用地布局方案为例，介绍如何采用 ArcGIS 计算并分析用地的变化与职住比，并参考现有教材介绍容积率的计算方法。

2.1　用地比较分析

2.1.1　基本介绍

　　规划与现状比较分析是城市规划实施评估的基础环节，它可以较为直观地反映变化情况，对于规划方案的实施和修编都具有重要意义。本部分以某城市用地布局方案为例，介绍如何采用 ArcGIS 计算并分析现状与规划用地的变化。

　　用地比较，通过在联合现状用地与规划用地数据的基础上，生成融合矩阵进行对比分析。融合矩阵是一种常用于量化土地利用变化的方法。矩阵中的行、列分别表示规划用地类型和现状用地类型，元素表示从列的用地转换为行的用地的量。本节将分别介绍在 Excel 和 MATLAB 两个软件中形成融合矩阵的方法。本节技术路线如图 2-1 所示。

　　本节应用到的数据：

　　（1）现状用地和规划用地边界数据。数据类型：.dwg。

　　（2）现状用地和规划用地类型字段。数据类型：.shp。

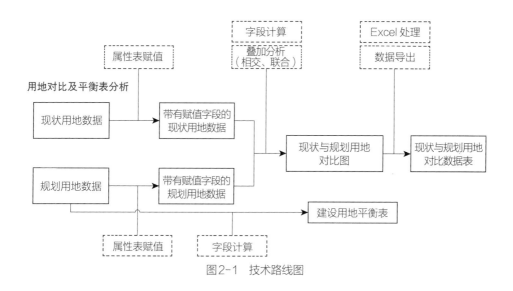

图2-1 技术路线图

2.1.2 实验步骤

步骤 1：用地数据分类

（1）按用地分类生成地块边线

➤ 整理用地分类：根据城市用地分类标准，在 CAD 中将现状用地与规划用地整理分为 10 类：居住用地（R）、公服用地（A）、商业用地（B）、工业用地（M）、物流仓储用地（W）、公用设施用地（U）、绿地（G）、道路交通用地（S）、水域（E1）、农林用地（E2）。

➤ 湘源生成用地边界：在湘源控规软件中新建各类用地的【边线图层】，并在操作页面中按照路径【用地】→【用地界线】→【生成边界】操作生成用地边线，分别置于相应的图层中。

（2）用地数据导入 ArcGIS

➤ 用地边界导入 ArcGIS：启动 ArcGIS，在【目录】中浏览到随书数据文档【实验数据 \ 基础篇 \ 土地利用比较 \ArcGIS 用地比较分析 \ 基础数据 \ 现状规划用地汇总 .dwg】文件，展开该项目，将其下的【polygon】面要素拉至内容列表。

➤ 现状和规划用地数据导出：右键单击【现状规划用地汇总 .dwg Polygon】图层，选择【打开属性列表】，【按属性选择】现状用地和规划用地要素，导出为 shapefile 文件，并按中心城区范围线裁剪，统一研究范围。

➤ 更改用地显示颜色：右键单击【现状用地】图层，切换到【符号系统】选项卡，在【显示】栏下展开【类别】，选择【唯一值】，在【值字段】的下拉列表中选择【Layer】，点击【添加所有值】，双击符号化列表中的色块修改各类用地颜色，点击【确定】（规划数据处理步骤同上）。

步骤 2：生成用地对比表

（1）用地数据联合

➤ 联合现状用地和规划用地数据：按照路径【系统工具箱】→【Analysis Tools. tbx】→【叠加分析】→【联合】，打开【联合】对话框，如图 2-2 所示。【输入要素】下拉菜单中选择【现状用地】和【规划用地】，点击【确定】，得到【现状规划联合】图层，其属性表即为用地对比表。

图2-2 联合工具对话框

（2）生成融合矩阵

✓ 基于 Excel 表的融合矩阵生成方法

➤ 属性表导出：右键单击【现状规划联合】图层，选择【打开属性列表】，点击【表】对话框上的 图标，选择【导出】。在【输出表】对话框中点击【浏览】。在【保存数据】对话框中修改【名称】并选择保存类型为【dBASE 表】，如图 2-3、图 2-4 所示，点击【保存】。

➤ 文件重命名：将【现状规划联合 .dbf】文件后缀重命名为【现状规划联合 .xls】。

图2-3 导出数据对话框　　　　图2-4 保存数据对话框

➤ 数据整理：在 Excel 中打开【现状规划联合 .xls】文件，仅保留【OBJECTID】、
【现状用地】、【规划用地】和【用地面积】四列并删除其余列。

➤ 创建数据透视表：选中保留的四列数据，点击【插入】并选择【数据透视
表】，【创建数据透视表】对话框中点击【确定】，如图 2-5 所示。在【数据透视表字
段】对话框中，拖动【OBJECTID_1】字段到【筛选】区间，【现状用地】字段到
【列】区间，【规划用地】字段到【行】区间，【值】区间设置为【用地面积】求和
项，得到融合矩阵统计结果，如图 2-6 所示。

图 2-5　创建数据透视表

图 2-6　数据透视表字段对话框

本节介绍的用地数据比较方法是基于矢量数据进行的，基于栅格数据的用地比
较可以在 MATLAB 软件中进行，读者可基于后续章节尝试实现。

2.2 职住均衡分析

2.2.1 基本介绍

交通需求的产生取决于生产活动、生活活动和其他社会活动的发生地点与居住地点的空间背离，即城市土地利用形态空间布局的差异。作为城市两大基础功能区，居住和就业空间的分布决定了城市居民工作的通勤交通出行需求。因此，职住均衡长期以来一直是城市研究的重要内容之一。学术界主流的职住关系测度指标主要包括职住比、自足度和空间相异指数等。本节将介绍一定通勤范围内职住比的计算操作。本节主要的技术流程如图 2-7 所示。

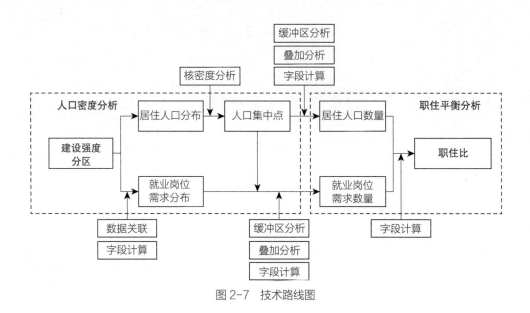

图 2-7　技术路线图

本节应用到的数据：

建设强度分区数据，其中包含用地类型字段和建设强度字段。数据类型：.shp。

2.2.2 实验步骤

步骤 1：人口密度分析

（1）计算居住人口数量

➤ 导出居住用地数据：加载【实验数据\基础篇\土地利用比较\职住均衡分析\基础数据\容积率分布 .mxd】文件，打开【容积率分布】图层属性表，【按属性选择】居住类用地，并将其单独【导出】为【居住用地分布 .shp】文件并加载在地图中。

➤ 计算住宅的建筑面积：打开【居住用地分布】图层属性表，添加字段【JM】，右键单击【JM】字段，打开【字段计算器】对话框，依照公式：住宅建筑面积 = 容积率 × 居住用地面积，计算住宅建筑面积，如图 2-8、图 2-9 所示。

图 2-8　添加字段对话框　　　　　图 2-9　字段计算器对话框

➤ 计算居住人口数量：在【居住用地分布】图层属性表中添加字【人口】段，并打开【人口】字段的【字段计算器】对话框，依照公式：居住人口 = 住宅建筑面积 / 人均住宅建筑面积，计算居住人口，如图 2-10、图 2-11 所示。

图 2-10　添加字段对话框　　　　　图 2-11　字段计算器对话框

（2）确定人口集中点

➤ 矢量数据转栅格数据：根据路径【系统工具箱】→【Conversion Tools. tbx】→【转为栅格】→【要素转栅格】，将【居住用地分布】图层中的【POP】字段转为栅格数据，保存为【人口分布】，如图 2-12 所示。

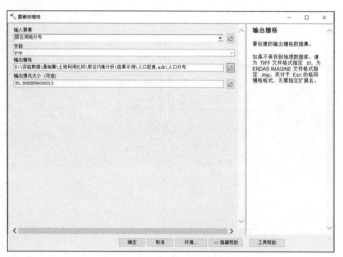

图2-12　要素转栅格对话框

➤ 栅格数据转为点要素：根据路径【系统工具箱】→【Conversion Tools. tbx】→【由栅格转出】→【栅格转点】，将栅格数据【人口分布】转为点要素，如图 2-13 所示。

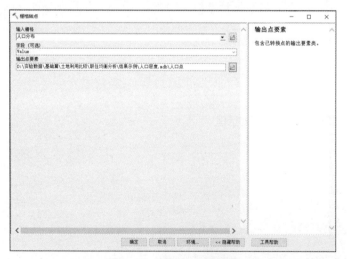

图2-13　栅格转点对话框

➤ 人口核密度分析：根据路径【系统工具箱】→【Spatial Analyst Tools. tbx】→【密度分析】→【核密度分析】，选取 500m、1000m、2000m 的半径进行人口核密度分析（此处以 500m 半径为例操作）。单击【环境】，设置【处理范围】与图层【范围线】相同，如图 2-14、图 2-15 所示。

图 2-14　核密度分析对话框

图 2-15　环境设置对话框

➤ 分类显示设置：在【人口核密度分析 500】图层属性对话框中，点击【符号系统】选项卡，将人口核密度按【自然间断点分级法】分为九类，如图 2-16、图 2-17 所示。

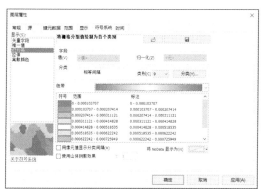

图 2-16　图层属性对话框

图 2-17　分类对话框

➤ 确定人口集中点：按上述操作步骤，以 1000m 和 2000m 为半径进行人口核密度分析，结果如图 2-18 所示。在半径 R 由小到大的变化过程中，出现了四个人口分布较为集中的区域，即人口要素密度较大的四个中心：北部组团和西北部组团各有一个人口集中点，南部组团较大，东西各有一个人口集中点。在文件夹链接下选定目标路径目录，单击右键，新建 shapefile，下拉选择点数据，另存为"人口点"。打开编辑器，单击【编辑窗口】、【创建要素】，在新弹出的要素对话框中，将要素点拖至密度图层所在的人口和密度高峰值位置，依次添加四个点，然后保存"人口点"图层，单击停止编辑。保存该点图层进行下一步缓冲区操作，如图 2-19 所示。

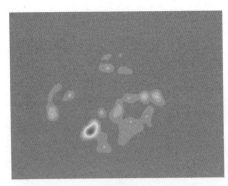

R=500m

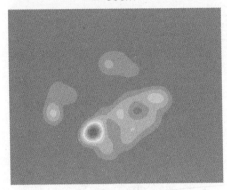

R=1000m

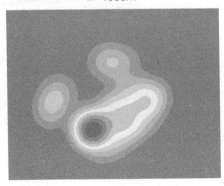

R=2000m

图2-18　不同范围人口密度分析图

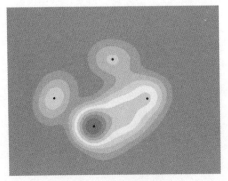

图2-19　人口集中点

步骤2：职住均衡分析

（1）缓冲区确定职住均衡分析范围

➢ 按用地分类导出数据：加载【实验数据\职住平衡.mxd】文件，打开【地块容积率分布】图层属性列表，将居住用地数据和职业需求用地（A类、B类、C类用地）数据分别导出【居住用地分布.shp】和【职业需求用地.shp】文件并在地图中加载。

➢ 缓冲区分析：根据路径【系统工具箱】→【Analyst Tools.tbx】→【缓冲区】，以1000m、2000m、3000m为半径分别进行缓冲区分析。在【缓冲区】对话框中，【输入要素】选择【人口集中点】，【输出要素类】对话框中填写【1km缓冲区】，【线性单位】对话框中输入1000米，【融合类型】选择【ALL】，点击【确定】，如图2-20、图2-21所示。

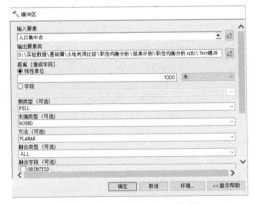

图2-20　缓冲区分析对话框

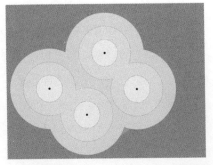

图2-21　缓冲区分析结果（*R*=1000m、2000m、3000m）

（2）相交提取不同分析范围内的居住用地和职业需求用地

➢ 将【居住用地】和【职业需求用地】图层分别与【1km、2km、3km 缓冲区】相交，得到不同缓冲范围内的居住用地和职业需求用地数据，本书以【1km 缓冲区】与【居住用地】相交为例，介绍相交分析操作步骤。

➢ 相交分析：根据路径【系统工具箱】→【Analyst Tools. tbx】→【叠加分析】→【相交】，打开【相交】对话框，在【输入要素】下拉菜单中选择【1km】和【居住用地】两图层。【输出要素类】名称为【1km 居住】，点击【确定】，如图 2-22、图 2-23 所示。

图 2-22　相交对话框

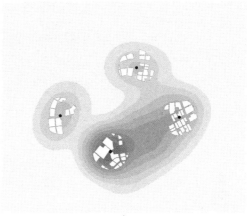

图 2-23　居住用地与 1km 缓冲区相交结果

➢ 按照上述步骤，依次完成【居住用地】图层分别与 1km、2km、3km 缓冲区的相交分析和【职业需求用地】图层分别与 1km、2km、3km 缓冲区的相交分析。结果分别保存为【1km 居住】、【2km 居住】、【3km 居住】；【1km 职业】、【2km 职业】、【3km 职业】六个图层。

（3）字段计算确定职住比

➢ 根据公式：职住比 = 就业岗位数 / 居住人数，可分析以人口集聚点为中心的不同缓冲区域内的职住平衡状态。本书以 1km 缓冲区的职住比的计算为例，介绍职住比计算的操作步骤。

➢ 添加字段：打开图层【1km 居住】的属性列表，分别添加【R_AREA】、【jianzhu_area】和【R_POP】三个字段来统计用地面积、建筑面积和居住人口。

计算居住人口数量：右键单击【R_AREA】要素列，选择【计算几何】命令统计 1km 缓冲区内居住用地面积；右键单击【jianzhu_area】要素列，选择【字段计算器】命令，依照公式：住宅建筑面积 = 容积率 × 居住用地面积，计算 1km 缓冲区内住宅的建筑面积；右键单击【R_POP】要素列，依照公式：居住人口 = 住宅建筑面积 / 人均住宅建筑面积，计算 1km 缓冲区内居住人口，如图 2-24 所示。

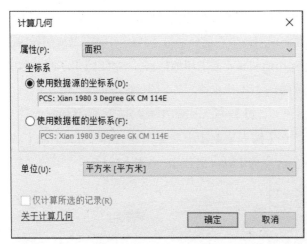

图 2-24　字段计算对话框

> 计算就业岗位数：按照上述步骤，根据公式：就业岗位数 = 就业需求用地建筑面积 / 人均就业建筑面积指标，可在图层【1km 职业】的属性表中计算 1km 缓冲区内的就业岗位数。需要注意的是不同的用地类型对应不同的人均就业建筑面积指标，应分开进行字段计算。

> 连接居住人口数量与就业岗位数表格：将图层【1km 居住】和图层【1km 职业】属性表中的【1km 居住人口】和【1km 岗位数】分别按字段【汇总】，如图 2-25 所示，将得到的【1km 居住人口 .dBASE】和【1km 岗位数 .dBASE】进行【连接】，如图 2-26 所示。

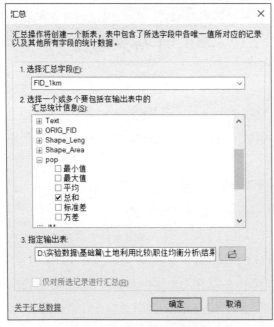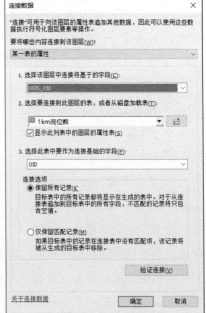

图 2-25　按字段汇总对话框　　　　　　　图 2-26　连接对话框

➢ 计算职住比：在【1km 居住人口 .dBASE】中添加【1km 职住比】字段，右键单击该字段选择【字段计算器】，按照公式：职住比 = 就业岗位数 / 居住人数，计算职住比，如图 2-27 所示。

➢ 按照上述步骤，分别计算 1km、2km、3km 缓冲区职住比，整理结果如图 2-28 所示。

图 2-27 字段计算器对话框

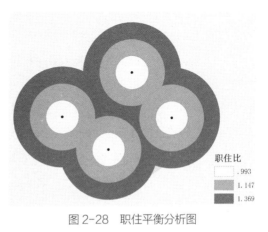

图 2-28 职住平衡分析图

需要指出的是，职住均衡分析的研究范围需要综合考虑城市规模、通勤距离等因素合理确定，本研究选取的距离仅作为示范。本实验中的人口集聚点的方法可供参考，也可根据研究需要，选取特定空间对象进行职住均衡分析。

2.3 容积率计算

2.3.1 基本介绍

本节参考现有教材[1]，介绍 ArcGIS 实现计算容积率的操作步骤。

容积率是指一个小区的总建筑面积与用地面积的比率。容积率计算是城市规划现状分析中的一项重要的工作。从其定义出发,计算公式为：建筑物面积 / 地块面积。本节容积率的计算技术路线图如图 2-29 所示。

本节应用到的数据：

（1）现状建筑数据（带层数）。数据类型：.dwg。

（2）现状地籍边界。数据类型：.shp。

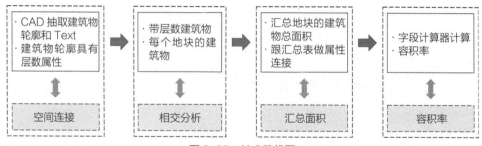

图 2-29　技术路线图

2.3.2　实验步骤

步骤 1：建筑与层数空间关联

➤ CAD 抽取建筑物轮廓和 Text：利用 CAD 文件中【建筑 .dwg Annotation】和【建筑 .dwg Polygon】图层。通过查看数据可知，有的地块切割了建筑，且往往一个地块中含有多个建筑。因此，需要在将地块与建筑相交后进行面积计算才能统计每个地块号内的建筑总面积。在计算面积之前，需要将层数信息加载到建筑图层中。

➤ 进行空间关联：右键【建筑 .dwg Polygon】图层→【连接与关联】→【连接 ...】，将建筑层数属性连接到建筑轮廓上，如图 2-30 所示。

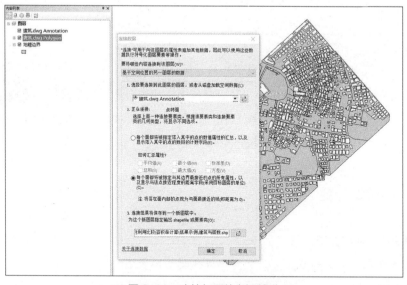

图 2-30　建筑与层数空间关联

➤ 生成新文件【建筑与层数】：属性表中【Text】字段即为建筑层数数据。

步骤 2：建筑与地块相对应

➤ 查看地籍边界：打开【地籍边界】的属性表，可以看到有 56 个不同的地块号。这 56 个地块号，就是需要计算容积率的空间对象。

➢ 生成"带地块号的建筑"：要统计每个地块的容积率,就要知道每个地块有哪些建筑，需要【相交分析】工具，得到"带地块号的建筑"。根据路径【系统工具箱】→【Analysis Tools. tbx】→【叠加分析】→【相交】,将【建筑与层数】与【地籍边界】相交，保存为【带地块号的建筑】,如图 2-31 所示。

图2-31 相交分析对话框

步骤 3：汇总面积

➢【带地块号的建筑】新建属性"基底面积"和"建筑面积"：字段类型为"双精度"。

➢ 计算基底面积：选择字段，利用【计算几何】计算"面积"属性。

➢ 计算建筑面积：利用【字段计算器】，建筑面积 = 基底面积 × 层数，层数为 CAD 里面 Annotation 的 Text 属性。

➢ 计算每个地块的建筑面积总和：这里介绍两种方法，表格属性汇总方法和融合方法。

第一种方法：采用表格属性中【汇总】统计地块号的建筑面积，得到地块建筑面积 .dbf，如图 2-32 所示。

第二种方法：采用融合工具方法，输入图层为相交后的"带地块号的建筑"，汇总字段为"地块号"，统计字段为建筑面积，统计方法为"SUM"。如图 2-33 所示，融合工具方法自带了每个地块号的空间信息，可直接查看每个地块号包含的建筑，较为直观。

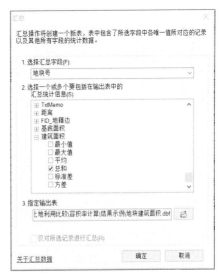

图 2-32 按字段汇总对话框

步骤 4：计算容积率

➤ 【地籍边界】新建属性"地块面积"和"容积率"：字段类型为"双精度"。

➤ 计算地块面积：选择字段，利用【计算几何】计算"面积"属性。

➤ 连接 dbf 格式地块建筑面积：右键【地籍边界】图层→【连接与关联】→【连接 ...】，基于地块号，将地块建筑面积表连接到地籍边界上，如图 2–34 所示。

图 2-33 融合对话框　　　　　　　　　图 2-34 连接对话框

➤ 计算容积率：利用【字段计算器】，容积率 = 地块建筑面积 / 地块面积。

➤ 容积率的可视化表达：最后将容积率放到【地籍边界】属性中，进行符号化显示，并打开标注，如图 2–35、图 2–36 所示。

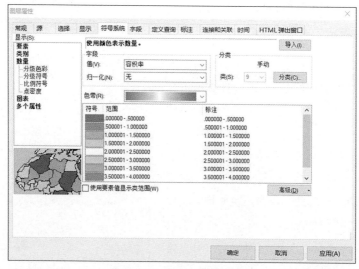

图 2-35 符号化设置对话框

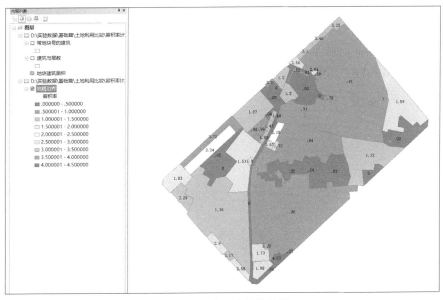

图 2-36　容积率计算结果

　　快速而准确地统计出地块的容积率现状，需要熟悉 GIS 中空间连接、相交叠加技术。需要注意的是，在应用的过程中，如果没有建筑和地籍边界的基础数据，需要在最初增加一个从地形图中提取建筑外轮廓线和层数的步骤。

2.4　小结

　　本章介绍了 ArcGIS 用地分析方法，包括用地比较、职住分析和容积率计算。通过联合现状用地与规划用地数据，在 Excel 中生成融合矩阵进行用地对比分析。对居住用地的人口进行核密度分析以确定人口集中点，再以人口集中点为核心进行缓冲区分析：根据缓冲区内居住、就业用地面积得出居住人数与就业岗位数，最终求解出缓冲区内职住比。将建筑物层数与建筑物通过空间连接进行匹配，再通过相交分析将建筑物与地块进行匹配，计算得出各建筑物的总建筑面积后，通过表格属性汇总方法或融合方法计算各个地块的总建筑面积，最终利用字段计算器求得各地块容积率并进行可视化表达。

　　本章介绍的用地比较分析方法可用于城市规划用地方案实施评估，职住分析方法可用于交通与用地一体化方案优化，容积率计算可用于城市控规设计。

参考文献

[1]　牛强 . 城市规划 GIS 技术应用指南 [M]. 北京：中国建筑工业出版社，2012.

第 3 章

遥感用地提取与分析

  在进行城市规划与研究时，通常需要进行城市用地的分析。遥感卫星影像作为一种由传感器摄影、扫描瞬间获取的地表面或地表层的几何与物理信息，记录了地球表面的自然地貌、人工与自然地物和人类活动的痕迹，真实而全面地反映了地表综合信息[1]。可以借助相关遥感分析软件进行土地信息的提取，根据地物光谱特征、成像规律和影像特征，对影像信息进行解译，并根据用途与需要进行分类。在解译、分类的基础上，可以进行土地、资源、植被、水系等各类调查，帮助人们对地标附着信息以及人类活动进行分析与利用。本章基于 ENVI 遥感处理软件，介绍遥感用地提取与分析方法。

  本章总体技术路线如图 3-1 所示。

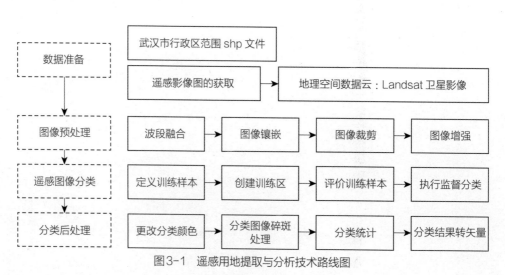

图3-1　遥感用地提取与分析技术路线图

3.1 遥感影像图的获取

3.1.1 基本介绍

在进行用地提取与分析工作之前，首先要获取具有一定质量保证的遥感卫星影像数据。本节以【湖北省武汉市】为例介绍在【地理空间数据云】平台下载 Landsat8 OLI_TIRS 遥感影像数据的方法。

3.1.2 实验步骤

➢ 登录【地理空间数据云】(http : //www.gscloud.cn/)。

➢ 进入【高级检索】栏目，在【数据集】选择 Landsat8 OLI_TIRS 卫星数字产品，按照研究需求选择行政区范围（此处选择湖北省武汉市）和时间范围（此处选择 2018 年数据），在初次筛选结果预览界面。

➢ 可以通过【二次筛选】功能更正和细化检索项，此处筛选出【云量低于10%】的卫星数据，得到如下筛选结果，可知武汉市在四张影像拼接范围内。

➢ 分别对四景影像进行下载，并对下载完成的压缩包进行解压。

➢ Landsat8 OLI_TIRS 遥感影像空间分辨率为 30m，其下载格式为 tiff 格式，包括 11 个波段的影像文件，一个质量评估文件和一个 txt 格式的元数据。其中，各个波段的影像文件是接下来进行遥感图像处理的基础。

本小节介绍了在地理空间数据云平台下载 Landsat8 OLI_TIRS 遥感影像数据的方法，读者可以依据研究需要，选择不同种类的卫星图像和数据进行下载。

3.2 遥感图像预处理

3.2.1 基本介绍

上一节所介绍下载的遥感卫星图像是单波段影像，且为按照条带分幅的单景影像，需要根据具体的研究区域与研究目的，在后续影像处理工作之前进行遥感图像的预处理。遥感图像预处理是遥感应用的基础，是遥感图像处理工程中非常重要的环节。本节将主要介绍在 ENVI5.3 中进行波段融合、图像镶嵌、图像裁剪和图像增强的方法，技术路线图如图 3-2 所示。

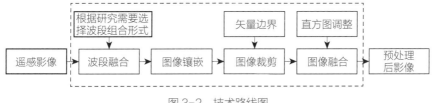

图 3-2 技术路线图

本节应用到的数据包括：

（1）武汉市行政区范围矢量文件。数据类型：.shapefile。

（2）上节下载的覆盖武汉市的四景 Landsat8 OLI_TIRS 遥感影像。

3.2.2　实验步骤

步骤 1：波段融合

➢ 打开 ENVI5.3 软件，加载下载并解压后的 Landsat8 影像的 7、6、4 波段：点击【打开文件】，在【Landsat8】目录下选择 7、6、4 波段的影像图。本文采取的 764 波段融合是适合于表现城市的一种合成，实际可根据具体需要进行其他波段间的组合，表 3-1 示例了 Landsat8 OIL 卫星影像常用的几种波段合成的组合形式。

OLI 波段合成   表 3-1

R、G、B	主要用途	R、G、B	主要用途
4、3、2 Red、Green、Blue	自然真彩色	5、6、2 NIR、SWIR1、Blue	健康植被
7、6、4 SWIR2、SWIR1、Red	城市	5、6、4 NIR、SWIR1、Red	陆地 / 水
5、4、3 NIR、Red、Green	标准假彩色图像，植被	7、5、3 SWIR2、NIR、Green	移除大气影响的自然表面
6、5、2 SWIR1、NIR、Blue	农业	7、5、4 SWIR2、NIR、Red	短波红外
7、6、5 SWIR2、WIR1、NIR	穿透大气层	6、5、4 SWIR1、NIR、Red	植被分析

➢ 在右侧【Toolbox】工具栏中搜索【Raster Management】→【Layer Stacking】进行波段融合，点击【Import Files】，依次选择 7、6、4 波段影像，在【Enter output Filename】中选择保存路径，点击【OK】得到第一景影像的融合结果，如图 3-3 所示。

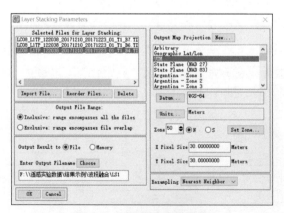

图 3-3　波段融合参数设置

➤ 重复上述操作，分别将覆盖研究区的其他三景 Landsat8 影像的 7、6、4 波段进行融合，得到结果如图 3-4 所示。

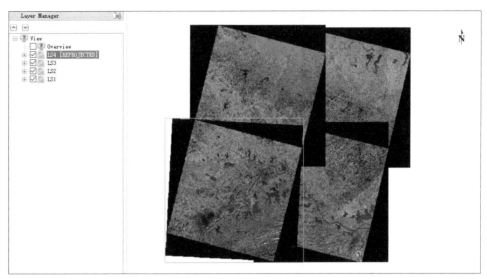

图 3-4 波段融合结果

步骤 2：图像镶嵌

➤ 运用图像镶嵌功能进行四景影像的拼接。打开上述操作结果中的四景影像，在右侧【Toolbox】工具栏中选择【Mosaicking】→【Seamless Mosaic】，在操作框中点击【Add Scenes】，添加波段融合后的四景影像。

➤ 在【Main】工具栏中可以调整影像顺序,色彩均衡时的基准影像和调整影像，以及羽化半径。

➤ 为使拼接图像色彩更加均衡，在【Color Correction】栏目中勾选【Histogram Matching】和【Entire Scene】。

➤ 在【Export】栏目中，设置【Output Format】为【TIFF】格式，设置【Output Background Value】为 0,【Resampling Method】选择【Cubic Convolution】，在【Output Filename】设置保存路径。

➤ 在上方工具栏【Seamlines】中选择【Auto Generate Seamlines】，勾选【Show Preview】查看镶嵌预览，确认无误后点击【Finish】得到镶嵌结果，如图 3-5 所示。

步骤 3：图像裁剪

➤ 选择【File】→【Open】，打开镶嵌后的 "mosaic" 图像文件。同时将查找文件类型设为 "Shapefile（*.shp）"，打开 "基础数据" → "武汉市界"，打开 "武汉市界" shp 文件。

➤ 在【Toolbox】工具箱中，双击【Regions of Interest】→【Subset Data from ROIS】工具，选择【Select Input File】为镶嵌后的 "mosaic"，点击【OK】;

➤ 在【Spatial Subset via ROI Parameters】对话框中，设置【Select Input ROIs】为"EVF：武汉市界.shp"，点击【Select All Items】，设置【Mask pixels outside of ROI】为【Yes】，设置【Mask Background Value】为 0，最后在【Enter Output Filename】栏点击【Choose】选择储存路径和影像文件名，点击【OK】运行，如图 3-6 所示，得到按照武汉市行政边界裁剪的遥感图像。

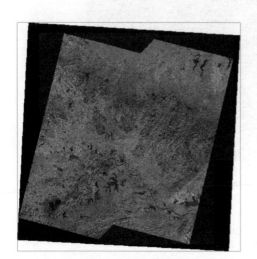

图 3-5　图像镶嵌结果　　　　　　图 3-6　Subset Data from ROIs 参数设置

➤ 忽略背景值：在【Toolbox】工具箱中，双击【Raster Management】→【Edit ENVI Header】工具，选择裁剪得到的"mask"图像，在【Set Raster Metadata】工具框中点击【Add】→【Data Ignore Value】，在添加的模块中设置【Data Ignore Value】为 0，点击【OK】得到去除黑色背景的武汉市遥感图像。

步骤 4：图像增强

➤ 在主界面中，选择【Display】→【Custom Stretch】，打开交互式直方图拉伸操作面板。在操作面板下方的下拉列表中，可以选择不同的拉伸方式，为达到较理想的图像区分度，本文选择【Equalization（直方图均衡化拉伸）】，得到增强后的影像，如图 3-7 所示。

遥感影像预处理过程中，在进行波段融合时，可以根据具体研究需要，选择不同种类的波段合成组合形式，突出特定的用地类型。此外，一般进行预处理时还会进行遥感图像的图像校正，而由于本实验采用的 Landsat8 遥感卫星数据质量较高，无需进行校正，因此没有涉及。读者在实际应用时，可以依据具体的遥感图像质量以及研究精度需要选择是否进行校正。

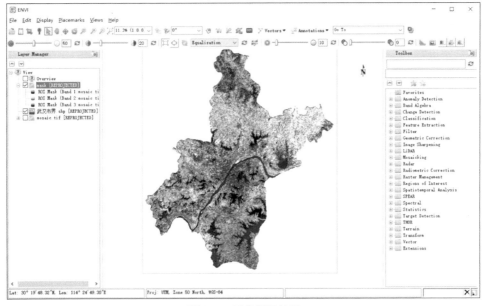

图 3-7 图像增强结果

3.3 遥感图像分类

3.3.1 基本介绍

遥感图像分类也称为遥感图像计算机信息提取技术，是通过模式识别理论，分析图像中反映同类地物的光谱、空间相似性和异类地物的差异，进而将遥感图像自动分成若干地物类别，从而初步得到土地利用类型图。常用的图像分类方法包括监督分类和非监督分类，本节主要介绍在 ENVI5.3 中进行遥感图像的监督分类的方法，技术路线如图 3-8 所示。

本节应用到的数据：本章第 3.2 节操作得到的预处理之后的遥感影像数据。

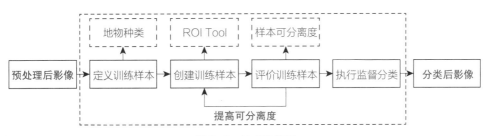

图 3-8 技术路线图

3.3.2 实验步骤

步骤 1：定义训练样本

➤ ENVI 中利用【ROI Tool】来定义训练样本。

➤ 选择【File】→【Open】，打开裁剪后的"mask"图像文件。

➤ 通过分析图像，定义4类地物样本：城镇、河流湖泊、绿地、其他用地。

步骤2：应用 ROI Tool 创建训练区

➤ 主页面中的 Layer Manager 中，在文件"mask"上右键选择【New Region of Interest】菜单，打开【ROI Tool】对话框。

➤ 在【ROI Tool】对话框中，以城镇用地为例介绍整个操作步骤，如图3-9所示。设置以下参数：

图3-9 【ROI Tool】对话框

【ROI Name】：城镇，回车确认样本名称。【ROI Color】：单击右键选择一种颜色，以橙色为例。在【Geometry】选项中，选择多边形类型按钮，在图像窗口中目视确定城镇用地区域，单击鼠标左键绘制训练区。绘制结束时，可以双击鼠标左键完成一个训练区的绘制，或者右键选择以下其中一个菜单。【Complete and Accept Polygon】：结束一个多边形的绘制；【Complete Polygon】：确认训练区绘制，还可以用鼠标移动位置或编辑节点；【Clear Polygon】：放弃当前绘制的多边形。

➤ 在图上绘制多个训练区，覆盖同一种用地的多种颜色表现，数量根据图像大小决定。

➤ 在【ROI Tool】对话框中，单击【New ROI】按钮，新建一个训练样本种类，重复以上步骤，所有绘制的训练样本将显示在【Layer Manager】中，如图3-10所示。

步骤3：评价训练样本

ENVI 使用计算【ROI 可分离性（Compute ROI Separability）】工具来计算任意类别间的统计距离，这个距离用于确定两个类别间的差异性程度。

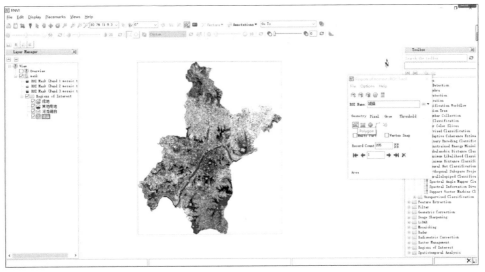

图3-10　绘制训练区

> 在【ROI Tool】对话框中，选择【Options】→【Compute ROI Separability】。

> 在【ROI Separability Calculation】对话框中，单击【Select All Items】，选择所有 ROI 用于可分离性计算，单击【OK】，可分离性计算结果将显示在窗口中。

> 如图 3-11 可知，城镇与绿地的分离度低于 1.8，样本需要进行修正。

（说明：ENVI 为每一个训练区组合计算 Jeffries-Matusita 距离和转换分离度。在对话框底部，根据可分离性值的大小，从小到大列出训练区组合。这两个参数的值为 0~2.0，大于 1.9，说明样本之间可分离性好，属于合格样本；小于 1.8，需要重新选择样本；小于 1，考虑将两类样本合成一类样本。）

> 在【ROI Tool】对话框中，选择【File】→【Save As】，将所有训练样本保存为外部文件（.xml），如图 3-12 所示。

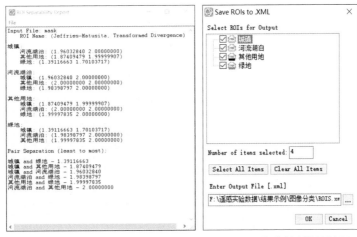

图3-11　可分离性计算结果　　图3-12　保存绘制的训练区

步骤 4：执行监督分类

由于图像会有部分像元作为背景，对图像进行监督 / 非监督分类时，背景像元也会参与分类，对结果产生影响。因此在执行监督分类之前，需要对图像进行掩膜处理，步骤如下：掩膜文件可以使用【Basic tool】→【Masking】→【Build masking】先生成，也可以在监督 / 非监督分类时候生成，这里选择在分类时候生成。根据分类的复杂度、精度需求等可以选择不同的分类器，本文采取【最大似然（Likelihood Classification）分类器】进行监督分类。

➤ 在 Toolbox 工具箱中，双击【Classification】→【Supervised Classification】→【Maximum Likelihood Classification】工具，在文件输入框中选择裁剪后的 mask 图像，单击【OK】，打开【Maximum Likelihood】参数设置面板，如图 3-13 所示。

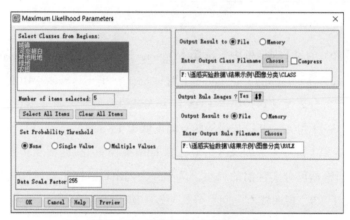

图 3-13　最大似然参数设置面板

➤ Select Classes from Regions：单击【Select All Items】，选择全部的训练样本。

➤ Set Probability Threshold：设置似然度的阈值。如果选择"Single Value"，则在【Probability Threshold】文本框中，输入一个 0~1 之间的值，似然度小于该阈值则不被分入该类。本例选择"None"。

➤ Data Scale Factor：输入一个数据比例系数。这个比例系数是一个比值系数，用于将整型反射率或辐射率数据转化为浮点型数据。例如，如果反射率数据范围为 0~10000，则设定的比例系数就为 10000。对于没有定标的整型数据，也就是原始 DN 值，将比例系数设为 $2n-1$，n 为数据的比特数，例如对于 8 位数据，设定的比例系数为 255；对于 10 位数据，设定的比例系数为 1023 等。

➤ 单击【Preview】按钮，可以在右边窗口中预览分类结果；单击【Change View】按钮可以改变预览区域。

➤ 选择分类结果的输出路径及文件名。

> 设置【Output Rule Images】为"Yes",选择规则图像输出路径及文件名。
> 单击【OK】按钮,执行分类,结果如图 3-14 所示。

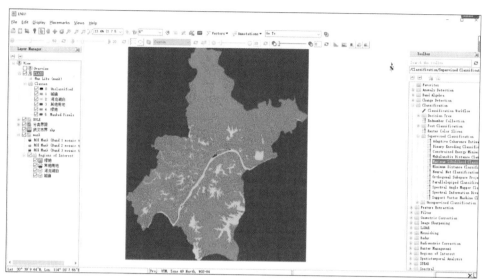

图3-14 分类结果

本节主要介绍在 ENVI5.3 中进行遥感图像的监督分类。在实际研究中,可以采用监督分类与非监督分类相结合的方式,进一步提高图像的分类精度。

3.4 遥感图像后处理

3.4.1 基本介绍

通过以上分类得到的土地利用类型图是初步结果,精细度较低,一般难于达到最终的应用目的。要得到更加精准细化的土地利用类型图,需要对分类结果再进行一些处理,常用的操作包括更改分类颜色、分类统计分析、小斑点处理等,最后可通过栅矢转换工具将处理后的数据转换为矢量数据,再对照卫星图像和调研结果进行编辑和修改。本节将主要介绍在 ENVI5.3 中进行几种典型的图像分类后的处理方法,具体路线图如图 3-15 所示。

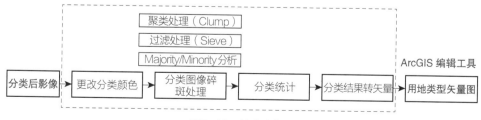

图3-15 技术路线图

3.4.2 实验步骤

步骤1：更改分类颜色

➤ 打开分类结果，在 Toolbox 工具箱中，双击【Raster Management】→【Edit ENVI Header】工具，在文件输入对话框中选择分类结果。

➤ 在【Set Raster Metadata】面板中，在【Class Name】中修改类别名称，【Class Color】中修改类别颜色。当完成修改后，单击【OK】。

步骤2：分类图像碎斑处理

分类结果中不可避免会产生一些面积很小的图斑，对这些小图斑进行剔除或重新分类，常用的方法有 Majority/Minority 分析、聚类处理（Clump）和过滤处理（Sieve）。

（1）Majority/Minority 分析

➤ Majority/Minority 分析采用类似于卷积滤波的方法将较大类别中的虚假像元归到该类中。在 Toolbox 工具箱中，双击【Classification】→【Post Classification】→【Majority/Minority Analysis】工具，在打开的对话框中选择分类图像。打开 Majority/Minority Parameters 面板，填写各项参数：【Select Classes】：单击【Select All Items】按钮，选择所有类别；【Analysis Method】：Majority；【Kernel Size】：3×3，必须是奇数且不必为正方形，变换核越大，分类图像越平滑；【Center Pixel Weight】：1。最后，选择输出路径及文件名，单击【OK】，执行 Majority/Minority 分析，如图 3-16 所示。

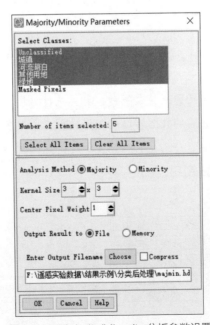

图 3-16　Majority/Minority 分析参数设置

（2）聚类处理（Clump）

➤ 聚类处理是运用形态学算子将邻近的类似分类区域聚类并合并。在 Toolbox 工具箱中，双击【Classification】→【Post Classification】→【Clump Classes】工具，在【Classification Input File】对话框中，选择分类图像。

➤ 打开 Clump Parameters 面板，填写各项参数：【Select Classes】：单击【Select All Items】按钮，选择所有类别；【Rows & Cols】：3，3。选择输出路径及文件名，单击【OK】，执行聚类处理，如图 3-17 所示。

图3-17　聚类处理对话框

（3）过滤处理（Sieve）

➤ 过滤处理解决分类图像中出现的孤岛问题。在 Toolbox 工具箱中，双击【Classification】→【Post Classification】→【Sieve Classes】工具，在【Classification Input File】对话框中，选择分类图像。

➤ 打开【Sieve Parameters】面板，填写各项参数：【Select Classes】：单击【Select All Items】按钮，选择所有类别。【Group Min Threshold】：9。一组中小于该数值的像元将从相应类别中删除。【Number of Neighbors】：8。选择输出路径及文件名，单击【OK】，执行过滤处理。

步骤3：分类统计

分类统计可以基于分类结果计算相关输入文件的统计信息，包括类别中的像元数、最小值、最大值、平均值及类中每个波段的标准差等。

➤ 在 Toolbox 工具箱中，双击【Classification】→【Post Classification】→【Class Statistics】工具，在【Classification Input File】对话框中，选择分类图像。

➤ 在【Statistics Input File】对话框中，选择用于计算统计信息的输入文件，确定分类图像中各个类别对应的 DN 值，单击【OK】。

➤ 在【Class Selection】对话框中，在列表中单击类别名称，选择想计算统计的分类，单击【OK】。

➤ 在【Compute Statistics Parameter】对话框中，在复选框中选择需要的统计项，包括 Bsic Stats、Histograms、Covariance 3 种统计类型，本例将 3 种全选。

➤ 输出结果方式包括：输出到屏幕显示、生成一个统计文件和生成一个文本文件，其中生成的统计文件可以通过【Statistics】→【View Statistics】打开。本例将 3 种方式全选，单击【OK】执行统计。

步骤 4：分类结果转矢量

➤ 在 Toolbox 工具箱中，双击【Classification】→【Post Classification】→【Classification to Vector】工具，在【Raster to Vector Input Band】对话框中，选择分类图像，单击【OK】。

➤ 打开【Raster to Vector Parameters】面板，设置矢量输出参数：通过单击类别名称选择所需将被转化为矢量多边形的类别。

➤ 在 Output 标签中，使用箭头切换按钮选择【Single Layer】把所有分类都输出到一个矢量层中。选择输出文件路径及文件名，单击【OK】执行转换过程。

➤ 导出的矢量数据，可以在 ArcGIS 中，通过目视解译，进行进一步的编辑和修改，提高分类结果精度，得到土地利用类型图。

本小节介绍了遥感影像分类后处理的几种典型方法，在实际应用中，可以根据研究需要进行方法选择，最后导出的矢量数据，可以在 ArcGIS 中，通过目视解译，进行进一步的编辑和修改，提高分类结果精度，得到土地利用类型图。

3.5 小结

遥感用地提取分析是城市规划设计与研究的重要步骤，也是当前国土空间规划的必要内容。本章通过 ENVI 对公开数据平台获取的遥感图像进行波段融合、图像镶嵌、图像裁剪和图像增强等预处理，对预处理结果进行监督分类，并通过 Majority/Minority 分析、聚类处理、过滤处理等步骤使分类后结果更加精细。最终得到的结果可以在 ENVI 中进行统计分析，也可转为矢量数据后导入 ArcGIS 进行分析处理。本章介绍的遥感用地提取分析方法，可为城市规划研究提供基础空间数据。

参考文献

[1]　邓书斌 . ENVI 遥感图像处理方法 [M]. 2 版 . 北京：高等教育出版社，2014.

第4章

交通网络分析

　　交通规划是城市规划的重要内容。科学、合理的交通规划，能够有效地协调城市交通与用地发展，促进城市可持续发展。交通网络分析是交通规划的必要步骤。交通网络系统包括道路、客、货运输网络，其涵盖内容众多。本章结合城市规划专业需求与特点，主要介绍城市道路交通网络的选线、模型构建和最短路径分析。

4.1　交通选线分析

4.1.1　基本介绍

　　为了节省成本，提高道路通行能力和安全，要根据地形条件选址最优的路线设计。最佳路径满足修建成本少、路程短的原则。本节介绍 ArcGIS 栅格数据的坡度计算、成本距离、成本路径、栅格计算器等操作，以分析和处理类似寻找最佳路径的问题。本部分在对基础数据的处理过程中，成本因素同时考虑坡度数据和土地利用数据，将二者按照 0.6、0.4 的权重进行合并，运用空间分析的各种工具完成分析，找到最佳路径。本章案例数据来源参考文献 [1]。技术路线详见图 4-1。

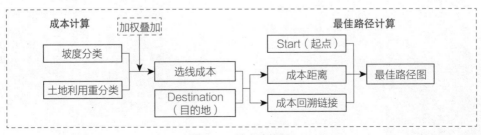

图4-1　技术路线图

本节应用到的数据：地面高程数据（elevation）、土地利用数据（land use）、目的地数据（destination）、起始点数据（start）。

4.1.2 实验步骤

步骤 1：创建成本数据集

➢ 坡度成本数据集：利用地面高程数据进行坡度分析，在操作页面中按照路径【系统工具箱】→【Spatial Analyst Tools】→【表面分析】→【坡度】操作生成坡度数据，如图 4-2 所示。

图 4-2　坡度分析对话框

➢ 土地利用成本数据集：土地类型对路径的选择 / 道路花费存在很大的影响，如水体 / 湿地分布区修建道路花费较大。根据用地类型进行重分类，在操作页面中按照路径【系统工具箱】→【Spatial Analyst Tools】→【重分类】→【重分类】操作，分别给 Agriculture，Built up，Brush/transitional，Forest，Barren land，Wetlands，Water 赋值 1~7 得到数据，如图 4-3 所示。

图 4-3　重分类对话框

➤ 栅格计算器计算成本：在操作页面中按照【系统工具箱】→【Spatial Analyst Tools】→【地图代数】→【栅格计算器】的路径，将坡度数据和重分类后的土地利用数据分别赋值 0.6 和 0.4，进行成本计算，如图 4-4 所示。

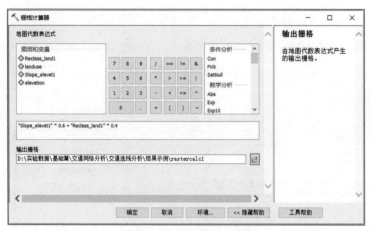

图 4-4　栅格计算器对话框

步骤 2：计算最佳路径

➤ 进行成本距离分析：按照【系统工具箱】→【Spatial Analyst Tools】→【距离分析】→【成本距离】的路径，输入目的地和上一个步骤中计算出的成本栅格数据，生成到目的地的成本距离图，以及从目的地出发的回溯链接图，如图 4-5 所示。

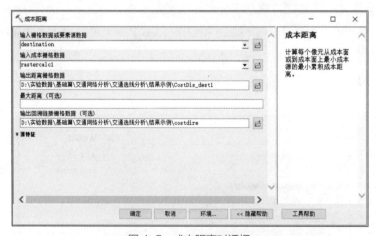

图 4-5　成本距离对话框

➤ 求最佳路径：按照【系统工具箱】→【Spatial Analyst Tools】→【距离分析】→【成本路径】的路径，依次输入起点数据、成本距离栅格以及成本回溯链接栅格，其中，成本距离栅格用于计算距离，成本回溯链接栅格用于计算成本路径。求从起点出发的最短路径，如图 4-6、图 4-7 所示。

图 4-6　成本路径对话框

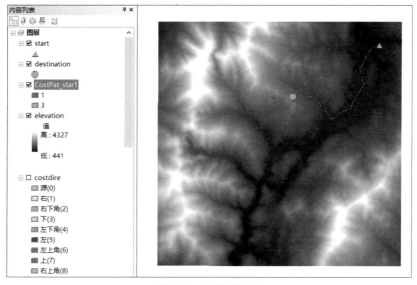

图 4-7　最佳路径图

成本距离工具确定的是各像元距最近源位置的最短加权距离（或者说是累积行程成本）。这些工具应用的是以成本单位表示的距离，而不是以地理单位表示的距离。必须考虑最小成本路径的源，以及最小成本路径本身。

4.2　交通网络构建

4.2.1　基本介绍

构建城市交通网络模型是模拟城市交通运行的基础。本章将利用 ArcGIS 平台，以某城市的局部路网 CAD 文件为基础数据构建城市交通网络模型，包含道路线形、道路畅通情况、车速、路口禁转等。技术路线如图 4-8 所示。

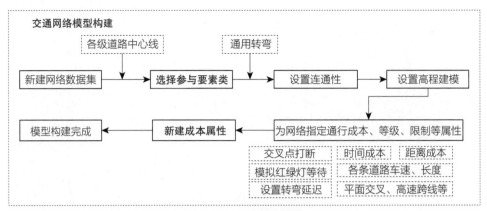

图 4-8　技术路线图

本节应用到的数据：

城市路网数据。数据类型：.dwg。

4.2.2　实验步骤

步骤 1：基础数据导入与编辑

（1）基础数据导入

➤ 新建个人数据库：打开 ArcMap，新建【空白地图】，打开【目录】面板，在保存路径的文件夹下新建个人地理数据库【交通网络】，并在【交通网络】下新建要素数据集【路网】。

➤ 导入 CAD 要素：右键点击【路网】要素集，选择【导入】→【导入要素（单个）】，在【要素类至要素类】对话框中设置【输入要素】为【实验数据 \ 基础篇 \ 交通网络分析 \ 交通网络构建 \ 基础数据 \ 城市路网 .dwg\Polyline】，设置【输出要素】为【道路】，字段映射只保留【layer】字段，并将其重命名为【道路类型】后点击【确定】，如图 4-9 所示。

（2）基础数据编辑

➤ 按类型选择各级道路：点击【编辑器】→【开始编辑】，对【道路】图层进行编辑。在编辑状态下打开【道路】图层的属性表，通过【按属性选择】，选择【道路类型】为【主干道】的要素，如图 4-10 所示。

➤ 按类型合并各级道路：在【编辑器】的下拉菜单中选择

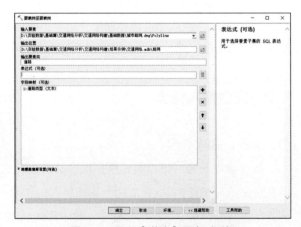

图 4-9　导入【道路】要素对话框

图 4-10 按属性选择对话框

图 4-11 合并对话框

【合并】，在弹出的【合并】对话框中点击【确定】进行合并，如图 4-11 所示。按照上述方式分别对【高速公路】、【次干道】、【支路】要素进行【合并】。

> 打断道路相交线：选中【道路】图层的所有要素，在【编辑器】的下拉菜单中选择【更多编辑工具】中的【高级编辑】。选择【打断相交线】工具。对【道路】图层的所有要素在其交点处进行打断。最后停止并保存编辑。

> 进行拓扑检查：在【目录】中右键单击【路网】要素数据集，选择【新建】→【拓扑】。在弹出的【新建拓扑】对话框中点击【下一步】，默认系统设置。选择【要参与到拓扑中的要素类】为【道路】要素类，默认系统拓扑等级并点击【下一步】。在指定拓扑规则步骤选择【添加规则】选项，在弹出的【添加规则】对话框中，依次添加【不能相交或内部接触】、【不能自相交】、【不能有悬挂点】三条规则，如图 4-12、图 4-13 所示。点击【下一步】后点击【完成】。

图 4-12 添加规则对话框

图 4-13 新建拓扑对话框

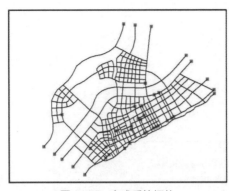

图4-14 完成后的拓扑

➤ 验证并添加新建拓扑：在出现的提示【已创建新拓扑，是否立即验证】中点击【确定】开始验证，并加载新生成的拓扑【路网_Topology】，在【正在添加拓扑图层】对话框中选择【否】。添加后的拓扑图层中不符合拓扑规则的点以红色点的形式标出，如图4-14所示。

➤ 修正拓扑错误：由于整个网络中只有道路尽头处会出现悬挂点，网络中的其他错误点需要进行人工修正。如图4-15所示，本应相交的两条线未相交而产生了悬挂点，该类报错点可以采用【延伸】工具使上方线段与下方线段相交，然后使用【打断】工具使其在交点处打断。如图4-16所示，该类报错点删除出头的线段即可。最后，在编辑状态下点击【编辑器】→【更多编辑工具】→【拓扑】，选择【验证当前范围中的拓扑】工具，查看所有报错位置是否全部改正，没有再次报错信息后停止编辑并保存。

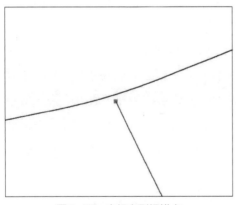

图4-15 未相交型报错点

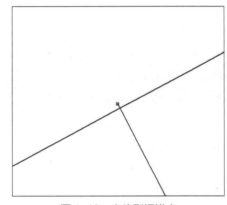

图4-16 出头型报错点

➤ 设置道路基本属性：查询相关规范设置【高速公路】的车速为100km/h，即1666.67m/min；【主干道】的车速为60km/h，即1000m/min；【次干道】的车速为40km/h，即666.67m/min；【支路】的车速为30km/h，即500m/min。本文以【高速公路】为例，介绍行车时间的计算方法。首先，打开【道路】图层属性列表，添加字段【行车速度】和【行车时间】并将数据类型设置为【双精度】。并【按属性选择】道路类型为【高速公路】，最后，依照公式：行车时间=道路长度/行车速度，通过【字段计算器】计算其【行车时间】。按照上述方法，依次计算【主干道】、【次干道】、【支路】的车速。完成构建交通网络的数据准备工作后将文件保存为【交通网络.mxd】。

步骤2：道路交通网络模型构建

（1）构建网络数据集

➢ 环境预设：紧接上一步骤，打开【交通网络.mxd】地图，按照路径【自定义】→【扩展模块】→【Network Analyst】完成建模前的预设工作。

➢ 新建个人数据库：在【目录】面板中右键单击【路网】要素数据集，选择【新建】→【网络数据集】，在弹出的【新建网络数据集】对话框中将【输入网络数据集的名称】改为【交通网络】，点击【下一步】。并勾选【道路】为要参与网络模型的要素类后点击【下一步】。

➢ 设置路口转弯、连通性、高程建模：首先，在【是否要在此网络中构建转弯模型】的询问中选择【是】和【通用转弯】，点击【下一步】。然后，点击【连通性】选项，在【连通性】对话框中点击【道路】行的【连通性策略】列对应的单元格，在下拉列表中选择【端点】，点击【确定】和【下一步】。最后，在【高程建模】对话框中接受默认设置并点击【下一步】。

（2）为网络指定通行成本、等级、限制等属性

➢ 设置路程成本属性：ArcGIS系统自动识别【道路】属性为网络路程成本，选中【道路】行，打开【赋值器】对话框，将【道路】行的【值】修改为【Shape_Length】。（如图4-17所示）点击【确定】返回上级对话框，右键单击【道路】行，将其【重命名】为【路程】后设置【路程】为【默认情况下使用】。

➢ 新建通行成本属性：点击【添加】，在【添加新属性】对话框中设置名称为【车行时间】，使用类型为【成本】，单位为【分钟】，数据类型为【双精度】，然后点击【确定】返回。如图4-18所示，然后，选择【车行时间】属性，在【赋值器】对话框中完成如图4-19设置后点击【下一步】，为网络建立行驶方向设置时，选择【否】，点击【下一步】和【完成】结束设置。

➢ 添加新网络数据集至地图：询问【新网络数据集已创建，是否立即构建？】选择【是】，同时【是否还要将参与到"交通网格"中所

图4-17 网络属性的赋值器对话框

图4-18 添加新属性对话框

图 4-19　赋值器对话框

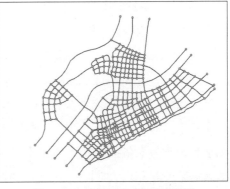

图 4-20　构建好的交通网络模型

有要素类添加到地图？】询问选择【是】。完成结果如图 4-20 所示，代表路口的交汇点也被加载到地图文件中。

（3）模拟路口红绿灯等待

➤ 设置转弯延迟：在【目录】中右键单击【交通网络】选择【属性】,显示【网络数据集属性】对话框,切换到【属性】对话框,右键单击【车行时间】属性,打开【赋值器】对话框并切换到【默认值】选项卡，将【转弯】属性的【类型】设置为【通用转弯延迟】。如图 4-21 所示，双击【转弯】行的【值】列对应的单元格，打开【通用转弯延迟赋值器】对话框完成如图 4-22 所示的通用转弯时间设置。在所有弹出的对话框中点【确定】完成设置。最后，按照路径【目录】→【交通网络】→【构建】,重新构建网络模型。

在实际的交通网络中除红绿灯的等候时间外，道路的限行情况、禁止转弯路口等都是交通网络模拟需考虑的因素，可在网络数据集属性中添加设置，使构建的模型更加贴近城市交通的实际运行情况。

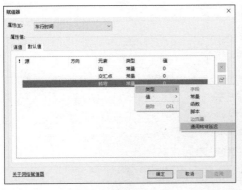

图 4-21　赋值器对话框

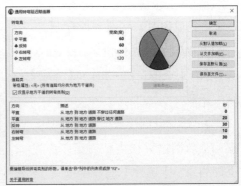

图 4-22　通用转弯延迟赋值器对话框

4.3 最短路径分析

4.3.1 基本介绍

在规划实践中常常需要计算规划地点和最近的公共服务设施之间的距离，通过构建城市路网模型，可以计算出两地点在现实路网上的交通距离和交通时间，从而为规划决策提供科学支撑。本节将介绍 ArcGIS 交通网络最短距离的算法，技术路线如图 4-23 所示。

本节应用到的数据：城市交通网络模型。数据类型：.mxd。

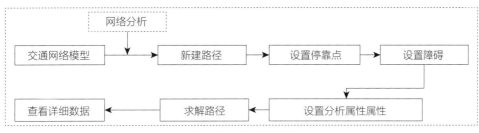

图 4-23 技术路线图

4.3.2 实验步骤

步骤 1：分析环境设置

（1）启动路径分析

➤ 启动【Network Analyst】工具条：打开随书数据【实验数据 \ 基础篇 \ 交通网络分析 \ 最短路径分析 \ 基础数据 \ 交通网络 .mxd】文件。右键单击工具条空白位置，打开【Network Analyst】工具条。此时工具条中【网络数据集】显示为【交通网络】，证明系统自动识别该网络模型，默认其为网络分析对象，如图 4-24 所示。

图 4-24 Network Analyst 工具条

➤ 启动路径分析：点击【Network Analyst】按钮，在下拉菜单中选择【新建路径】，之后会显示【Network Analyst】面板，【内容列表】中新添【路径】图层，如图 4-25 所示。

（2）分析工具设置分析

➤ 设置停靠点：在【Network Analyst】面板中选择【停靠点】后，点击

图 4-25　Network Analyst 面板

【Network Analyst】工具条上的【创建网络位置工具】并在路径分析的起点和终点各点击一次，这两点会被添加到【Network Analyst】面板的【停靠点】项目下，如图 4-26 所示。

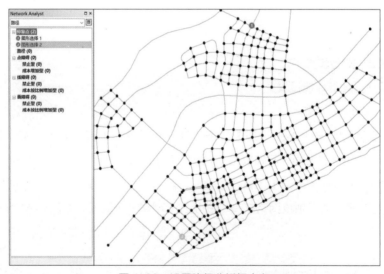

图 4-26　设置路径分析起止点

➤ 设置障碍：在【Network Analyst】面板中选择【点障碍】后，点击【Network Analyst】工具条上的【创建网络位置】工具，并在图面上设置障碍路段，该路段会被标记一个障碍标志。

➤ 设置分析属性：点击【Network Analyst】面板右上角的【属性】按钮，弹出的【图层属性】对话框中切换到【分析设置】选项卡，如图 4-27 所示，将【阻抗】设置为【车行时间（分钟）】，表示根据车行时间计算最短路径。点击【确定】完成设置。

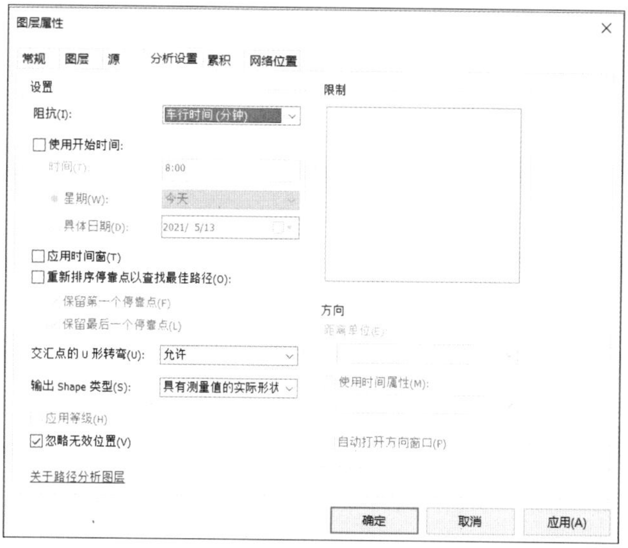

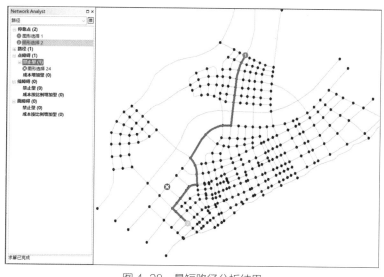

图 4-27 设置路径分析属性对话框

步骤 2：路径求解

➢ 计算最短路径：点击【Network Analyst】工具条上的【求解】工具，得到计算结果，如图 4-28 所示。

图 4-28 最短路径分析结果

➢ 查看详细数据：右键单击【Network Analyst】面板中【路径】下的【图形选择 1- 图形选择 2】图层，点击【属性】选项，显示【属性】对话框如图 4-29 所示。

在设置分析属性时若将【阻抗】设置为【路程】，后面的最短路径将得到完全不同的结果，在实际操作时可以根据不同的实际情况设置。

图 4-29　查看路径分析详细数据

4.4　小结

本章采用 ArcGIS 分析了交通网络的选线、模型构建和最短路径分析。根据土地利用、坡度等数据确定选线成本，采用成本距离、回溯链接等工具确定最低成本路线。采用网络数据集构建、网络连通性与成本设置等工具，构建交通网络模型，并通过新建路径、障碍设置等工具，求解得出最短路径。交通网络分析涵盖内容广泛、设计内容复杂，本章介绍城市规划专业方向常用到的网络分析方法。读者可根据自身需求，尝试学习交通网络建模的专用软件，如 TransCAD、Cube 等，以加深对交通网络理论的理解。

参考文献

[1]　Maribeth，Price. ArcGIS 地理信息系统教程（原书第七版）[M]. 李玉龙，等译 . 北京：电子工业出版社，2017.

第 5 章

公服设施评价

公服设施配置是城市规划与设计的重要内容之一。公服设施既是公共利益的体现，也是政府的一种调控手段，其配置的合理性直接影响到民众的生活便捷度和城市的空间结构。本章基于 ArcGIS 软件，介绍公服设施选址和评价的实现方法，从而为科学、合理的公服设施配置提供技术支撑。

5.1 公服设施选址

5.1.1 基本介绍

公共服务设施选址问题是反映居民生活质量的重要标志。本节以某大型商场选址为例，介绍如何采用 ArcGIS 工具进行选址分析，满足其合理性要求，达到效用最大化。本节主要用到的工具包括缓冲区分析、相交、联合分析等。其中，缓冲区分析是用来确定不同地理要素的空间邻近性和邻近程度的一类重要的空间操作[1]。对于要素的三个类别——点、线、面，缓冲区分析工具可以进行相应的分析，主要目的是确定周边影响范围。

本章介绍了两种方法，其中第一种方法主要涉及的空间操作为缓冲区分析和叠加分析。第二种方法则通过在缓冲区分析的基础上通过评价、联合、计算实现。熟练掌握这些分析方法，有助于灵活掌握 ArcGIS 的应用。技术路线如图 5-1 所示。

本案例选址要求有四方面：①离城市主干道 50m 以内，保证交通可达性；②保证在居民区 100m 范围内，便于居民步行到商场；③距离公交站 100m 范围内；④已经存在的商场 500m 范围之外，减少竞争压力。

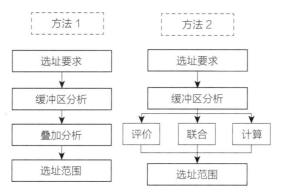

图5-1 技术路线图

本节应用到的数据包括：

（1）城市主干道分布数据。数据类型：.shp，线文件。

（2）居民区分布数据。数据类型：.shp，点文件。

（3）公交站分布数据。数据类型：.shp，点文件。

（4）已存在商场分布数据。数据类型：.shp，点文件。

5.1.2 实验步骤

✓ **方法 1：利用缓冲区分析和叠加分析**

步骤 1：缓冲区分析

（1）计算 Mainstreet 50m 缓冲

➤ 选址要求离城市主干道 50m 以内，基于线要素的缓冲区，通常是以线为中心轴线，距中心轴线一定距离的平行条带多边形。在操作页面中按照路径【主菜单】→【地理处理】→【缓冲区】，计算 Mainstreet 50m 缓冲，如图 5-2 所示。

图 5-2 道路缓冲区对话框

（2）计算 Residential 100m、公交站 100m 和商业设施 500m 缓冲

➢ 针对点要素的缓冲区，简单来说就是以点要素为圆心的一定半径的同心圆。按照上述的操作方法计算居住区 100m 缓冲。按照同样的方法，计算公交站 100m 缓冲、商业设施 500m 缓冲，得到图 5-3 所示结果。

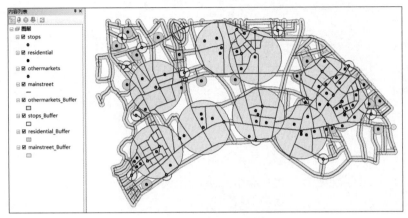

图 5-3　缓冲区分析结果

步骤 2：叠加分析，同时满足四个要求的区域

（1）相交分析，同时位于前三个条件要求范围之内

➢ 商场选址应该位于依据前三个条件所生成的缓冲区之内，在操作页面中按照路径【Analysis Tools】→【叠加分析】→【相交】进行相交分析，计算输入要素的几何交集，如图 5-4、图 5-5 所示。

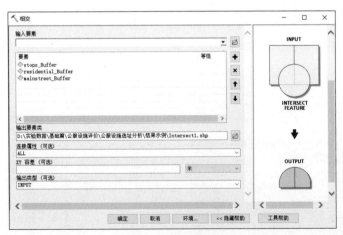

图 5-4　相交分析对话框

（2）擦除分析，不能与现有商业 500m 缓冲区重合

➢ 商场选址在距离城市主干道 50m 以内、居民区 100m 范围内、公交站 100m 范围内，同时不能位于已经存在的商场 500m 范围之内。在操作页面中按照路径

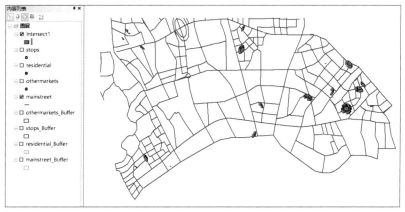

图 5-5 满足前三个条件的区域所示图

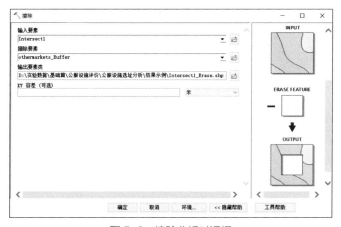

图 5-6 擦除分析对话框

【Analysis Tools】→【叠加分析】→【擦除】，用已存在商场的 500m 缓冲区数据对满足前三个条件的区域进行擦除，如图 5-6 所示，得到商业设施选址的范围，如图 5-7 所示。

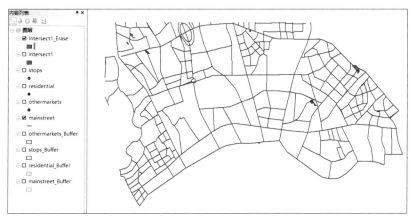

图 5-7 选址分析结果

✓ **方法 2：对整个城市商场的区位条件进行评价**

步骤 1：添加属性

➤ 根据选址要求，商场需在距离城市主干道 50m、居民区 100m、公交站 100m 范围内，同时要在已经存在的商场 500m 范围之外。依次在四个缓冲区分析结果文件的属性表中，分别添加字段【rank】，并利用【字段计算器】进行赋值：对已存在商业缓冲结果给【rank】赋值 −1，其他三个赋值 +1。

步骤 2：联合分析

➤ 将进行缓冲区分析后的四个要素进行联合分析，将所有要素及其属性都写入输出要素类【Union1】中，如图 5-8 所示。

图 5-8　联合分析对话框

步骤 3：字段计算器

➤ 在【Union1】的属性表中添加字段【class】，利用字段计算器，将上一步骤中的四个图层的赋值【rank】相加，【class】的值有 −1、0、1、2、3 五种结果。

步骤 4：符号系统——重分类表达

➤ 按照【属性】→【符号系统】→【类别】→【唯一值】的操作路径，选择【class】为值字段，添加所有值，并调整色带，得到整个城市中商场区位评价情况图，如图 5-9 所示。

比较两种设施选址的方法，第一种方法可以直接得出可选址的空间范围。而第二种采用联合属性表赋值计算方法，可以反映不同空间选址的得分情况，其中得分最高的就是可选址结果。在 ArcGIS 的实际操作中，可通过灵活地应用属性表对矢量数据进行分析处理。此外，属性表可导出 dbf 文件，在 Excel 中操作，且通过属性表连接的方式，又可以将 Excel 表链接到 ArcGIS 中。因此，可以充分结合 Excel 表格的功能，将其与 ArcGIS 相结合，以对城市规划调研数据进行空间可视化与数理分析。

图 5-9　城市商场区位评价情况图结果

5.2　公服设施评价

5.2.1　基本介绍

在城市规划实践中，公共服务设施具有服务半径要求。在路网模型的基础上，可按照交通网络通行距离，更加准确地模拟服务设施可覆盖的区域，以增加规划工作的科学性。本节将基于路网模型，模拟服务设施覆盖区域，从而评价其空间布局的合理性。具体技术路线图如图5-10所示。

本节应用到的数据包括：

（1）道路交通网络模型。数据类型：.mxd。

（2）规划用地。数据类型：.mxd。

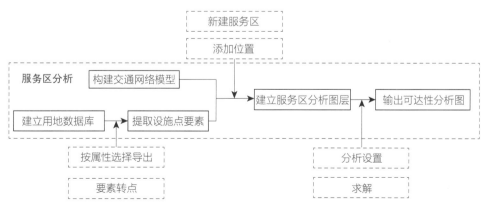

图5-10　技术路线图

5.2.2 实验步骤

步骤 1：分析数据准备

➤ 导出服务区数据：打开随书数据【实验数据\基础篇\公服设施评价\公服设施评价\基础数据\设施服务区分析.mxd】文件，右键单击【规划用地】打开其【属性列表】，【按属性选择】公服用地（A）、商业用地（B）、绿地（G）后分别【导出】为单独的 shapefile 文件添加到地图文件中，如图 5-11、图 5-12 所示。此外，根据绿地系统规划分别提取市级公园、区域级公园和社区公园的用地数据进行不同等级公园绿地的服务区分析。

 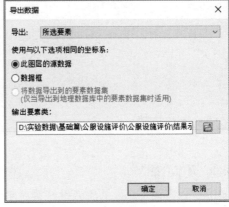

图 5-11　按属性选择对话框　　　　图 5-12　数据导出对话框

➤ 要素转点：按照路径【系统工具箱】→【Data Management tools.tbx】→【要素】→【要素转点】将各类服务区数据转为点要素，如图 5-13 所示。

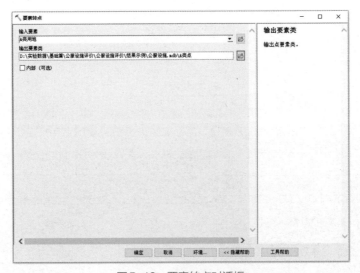

图 5-13　要素转点对话框

步骤2：服务区分析

➢ 新建服务区：点击【Network Analyst】工具条上的【Network Analyst】按钮，在下拉菜单中选择【新建服务区】，此时【内容列表】中会新添加【服务区】图层。

➢ 添加设施点：【Network Analyst】面板中右键点击【设施点】选项，并在弹出的菜单中选择【加载位置】，在【加载位置】对话框中【加载栏】选择【Apoint】，然后点击【确定】，如图5-14、图5-15所示。下文以A类服务设施用地介绍进行服务区分析的方法。

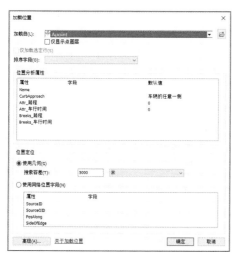

图5-14 加载位置对话框

图5-15 加载位置到设施点

➢ 设置服务区分析的属性：点击【Network Analyst】面板中右上角的【属性】，在【图层属性】对话框中切换到【分析设置】选项卡，设置【阻抗】为【路程（米）】，【默认中断】为【500，1000】，最后点击【确定】，如图5-16所示。

➢ 服务区求解：点击【Network Analyst】工具条上的【求解】工具，计算结果如图5-17所示。最后，依次完成商业服务设施和绿地的服务区分析，如图5-18~图5-20所示。

通过公服设施评价结果，可以对方案的合理性进行分析。从上述分析结果可以看出，1000m的服务范围基本覆盖了85%的居住用地，绝大部分居民能在15分钟内步行到达公服设施。商业服务设施布局合理，既避开了行政中心又能服务于周边的居民区。城市绿地的服务范围几乎覆盖了非工业区的全部建设用地，有助于打造适宜步行、骑行、

图5-16 图层属性对话框

图5-17　公服设施服务区分析

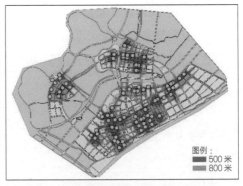

图5-18　商业服务设施服务区分析

图5-19　绿地设施服务区分析

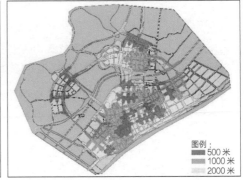

图5-20　公园绿地分级服务区分析

游憩的生活环境。同时，该方案也存在一些不足，例如，西北部和南部部分片区的居住用地、公服设施、商业服务设施以及绿地的可达性都比较差。

5.3　小结

本章以某大型商场选址为例，通过 ArcGIS 缓冲区相交、擦除、联合等工具，介绍两种方法实现公服设施选址分析。同时，基于交通网络可达性，通过构造路网模型、提取设施点要素、建立服务区分析图层等方法，模拟各类公服设施的覆盖区域。基于路网可达性的公服设施评价方法，能够更合理地评价公服设施配置，从而为规划方案优化提供技术支持。本章介绍的公服设施选址与评价方法具有普适性意义，可为相关规划设计与研究提供借鉴和思路，读者可根据实际情况灵活运用。

参考文献

[1]　牟乃夏，刘文宝，王海银，等 . ArcGIS 10 地理信息系统教程——从初学到精通 [M]. 北京：测绘出版社，2012.

第 6 章

聚类与插值分析

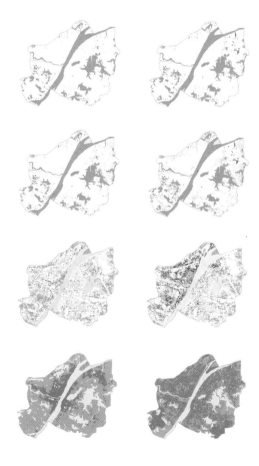

作为常用的空间分析方法，聚类与插值分析在城市规划定量研究中起着举足轻重的作用。聚类分析，是研究分类问题的一种统计分析方法，由聚类生成不同类的对象集合，同一类中对象彼此相似。空间聚类分析可通过研究分类集合的特征，揭示数据背后的规律。插值分析，是在离散数据的基础上补插连续函数，使得这条连续曲线通过给定的离散数据点，估算出函数在其他点处的近似值。结合现有教材，本章将讨论 ArcGIS 的聚类和插值分析的实现方法。

6.1 空间点格局识别

6.1.1 基本介绍

空间格局识别问题是城市规划空间分析中常见的问题。空间点格局识别通常不考虑点上的属性值，重点关注其研究区域内的点在空间上分布的特征和相互关系。目的是判断要素在空间分布的特征，如集聚、发散或者随机性，并通过特征结果，分析形成原因及控制策略。常用的空间点格局识别方法包括平均最近邻分析（Average Nearest Neighbor）和多距离空间聚类分析（Ripley's K 函数）。本节操作数据来源参考文献 [1]。技术路线如图 6-1 所示。

图 6-1　技术路线

6.1.2 技术路线

本节应用到的数据：

（1）广场影像图。数据类型：.tif。

（2）游人空间分布图。数据类型：.shp。

6.1.3 实验步骤

步骤 1：平均最近邻分析

平均最近邻（Average Nearest Neighbor）是指点间最近距离均值。该分析方法通过比较计算最近邻点对的平均距离与随机分布模式中最近邻点对的平均距离，来判断其空间格局。平均最近邻认为点格局随机分布时，上述两距离相等；点格局集聚时，前者会小于后者；而点格局发散时，前者会大于后者。

（1）加载数据

➢ 启动 ArcMap，加载数据【实验数据\基础篇\空间格局分析\空间点格局识别\游人.shp】。

（2）启动【平均最近邻】工具

➢ 将鼠标移到主界面右侧的【目录】按钮上，在浮动出的【目录】面板中选择【工具箱\系统工具箱\Spatial Statistics Tools\分析模式\平均最近邻】，如图 6-2 所示，双击它启动该工具，显示【平均最近邻】对话框，如图 6-3 所示。

图 6-2 平均最近邻工具

图 6-3 平均最近邻对话框

（3）进行【平均最近邻】分析

➢ 设置【平均最近邻】对话框的参数，如图 6-3 所示。点击【确定】开始计算。计算完成后，选择菜单【地理处理】→【结果】，弹出【结果】对话框，如图 6-4 所示。

➢ 计算结果有 5 个参数：

平均观测距离（NNObserved）：1.217446；

预期平均距离（NNExpected）：1.632695；

图 6-4 平均最近邻分析结果

最邻近比率（NN 比率）：0.745666；

z 得分：–7.693160；

p 值：0.000000。

根据平均最近邻分析的原理，该广场上游客的空间分布处于比较显著的集聚状态。

➤ 说明一：z 得分是用来检验空间自相关分析的统计显著性的，即帮助用户检验或决定是否拒绝零假设或接受零假设。在空间模式分析中，零假设是指没有空间自相关，即空间要素不存在任何相关的空间模式。相反，非零假设即为存在空间自相关或某种空间分布模式。在该分析中，z 得分为负代表集聚，为正代表发散。

➤ 说明二：与 z 得分一起的还有 p 值，该值是个概率值。非常高的正 z 得分或者非常小的负 z 得分，都对应一个非常小的 p 值，通常出现在标准正态分布曲线的尾部，这种情况可说明该空间要素不具有随机分布的特征，即可拒绝零假设。

（4）查看报告

根据结果对话框中给出的报告路径，打开报告文件，如图 6-5 所示。该文件以图形的方式显示了分析结果。结果对应图中的蓝色区域，该区域被注明是显著的集聚。平均最近邻分析显示该广场上游客的空间分布不是随机的，而是处于比较显著的集聚状态。接下来可以进一步分析是什么原因导致了集聚。

步骤 2：多距离空间聚类分析

随着空间尺度的变化，点状地物的分布模式可能会发生变化。在小尺度下可能呈现集聚分布，而在大尺度下可能为随机分布或发散分布。多距离空间聚类分析（Ripley's K 函数）是分析各个尺度下的点状地物空间格局的常用方法。它按照一定半径的搜索圆范围来统计空间聚类。

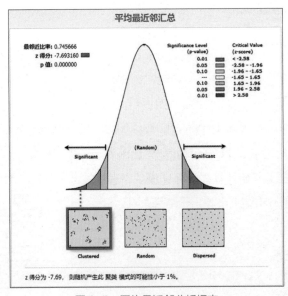

图 6-5 平均最近邻分析报表

（1）加载数据

➤ 启动 ArcMap，加载随书数据【实验数据 \ 基础篇 \ 空间格局分析 \ 空间点格局识别 \ 游人 .shp 】。

（2）启动【多距离空间聚类分析】工具

➤ 将鼠标移到主界面右侧的【目录】按钮上，在浮动出的【目录】面板中选择【工具箱 \ 系统工具箱 \Spatial Statistics Tools\ 分析模式 \ 多距离空间聚类分析 】，显示【多距离空间聚类分析】对话框，如图 6-6 所示。

（3）设置参数

➤ 设置【多距离空间聚类分析】对话框的参数。其中，【起点距离】是搜索圆的初始距离。【距离增量】是搜索圆每次增加的距离。这里设置为 0.7，这是人和人之间的最小间距。【距离段数量】是搜索圆递增的次数。

（4）结果计算

➤ 点击【确定】开始计算。计算完成后弹出结果对话框，如图 6-7 所示。其中对角线直线是期望值，而深色曲线是观测值，当观测值曲线在期望值对角线之上时意味着集聚，反之发散。

图 6-6　多距离空间聚类分析对话框

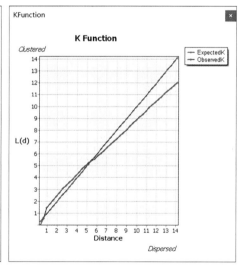
图 6-7　多距离空间聚类分析结果

➤ 计算结果表明在 5m 以下的空间尺度里，游客呈现集聚分布，而在 5m 以上时则呈现发散分布。这意味着在该广场，任何人交往的集聚范围是 5m，这是 5~10 个人聚集的范围，如果分析不同时段的集聚状态会发现游人少的时候集聚范围会缩短，这时集聚的人会更少。

对于点状事物的空间格局，首先可采用平均最近邻分析工具从全局判断其是否具有集聚性，再分析其不同空间尺度下的集聚性。因为即使在大尺度下为随机分布或发散分布,在小尺度下仍可能呈现集聚分布,可采用多距离空间聚类分析(Ripley's K 函数)。

6.2 空间自相关判别

6.2.1 基本介绍

空间自相关是指分布于不同空间位置的地理事物,它们的某一属性值存在统计相关性,通常距离越近的两值之间相关性越大。具体还可以分为空间正相关和空间负相关:空间正相关是指空间上分布邻近的事物其属性具有相似的趋势和取值,例如,房价高的街区会带动周边街区房价也升高;类似的,空间负相关是指具有相反的趋势和取值,例如,一个大型超市落户某个街区后,其相邻街区再设立大型超市的可能性就会很小。因此,空间自相关分析主要是检验空间事物的某项属性是否存在高高相邻分布或高低间错分布。

空间自相关可进一步分为全局空间自相关(Global Spatial Autocorrelation)和局域空间自相关(Local Spatial Autocorrelation)。ArcGIS 主要提供了四种空间自相关性统计工具,其中用于统计全局空间自相关的工具有 Moran's I 统计、高 / 低聚类(Getis–Ord General G);用于统计局域空间自相关的工具有聚类和异常值分析(Anselin Local Moran's I)、热点分析(Getis–Ord Gi)。

城市居住空间的分布一直都是地理学和城市规划研究的重要领域。本实验将分析某城市不同收入家庭的居住空间分布情况,判断其是否存在高收入家庭和高收入家庭集聚,低收入家庭和低收入家庭集聚,或者高低收入家庭相邻分布等现象。一般情况下,适度的集聚可以更有效地满足不同阶层人的需求。但是过度的高 / 高收入家庭集聚和低 / 低收入家庭集聚会加剧居住空间分异,造成居住隔离、贫困固化以及阶层对立,也易引发各类环境问题以及社会矛盾。同时,集聚的位置也关乎社会资源的分配,例如,如果高收入家庭集聚在城市中心区,而低收入家庭集聚在城市郊区,则会加剧对低收入阶层的医疗、教育、交通、公共设施等资源的剥夺程度。

本节操作数据来源参考文献 [1],技术路线图如图 6-8 所示。

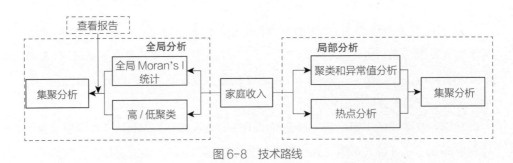

图 6-8 技术路线

本节应用到的数据：

收入空间分布数据，其中包含家庭收入字段。数据类型：.shp。

6.2.2　实验步骤

步骤 1：全局 Moran's I 统计

全局 Moran's I 统计衡量相邻的空间分布对象属性取值之间的关系。取值范围为 –1~1，正值表示该空间事物的属性值分布具有正相关性，负值表示该空间事物的属性值分布具有负相关性，0 值表示不存在空间相关，即空间随机分布。

另外，全局 Moran's I 也用 z 得分来检验空间自相关的统计显著性，全局 Moran's I 也是首先假设研究对象之间没有任何空间相关性，然后通过 z 得分检验假设是否成立。z 得分为正意味着存在空间自相关，负值意味着空间分布是发散的。

（1）加载数据

➢ 启动 ArcMap，加载随书数据【实验数据 \ 基础篇 \ 空间格局分析 \ 收入空间分布 \ 家庭收入 .shp】。

（2）启动【空间自相关（Moran I）】工具

➢ 【目录】面板中选择【工具箱 \ 系统工具箱 \Spatial Statistics Tools\ 分析模式 \ 空间自相关（Moran I）】，显示【空间自相关（Moran I）】对话框，如图 6-9 所示。

图 6-9　空间自相关（Moran I）对话框

（3）进行【空间自相关（Moran I）】分析

➢ 设置【空间自相关（Moran I）】对话框的参数。其中，【输入字段】是要进行相关性分析的事物属性，这里是各个社区的家庭平均年收入。

➢ 点击【确定】开始计算。计算完成后，选择菜单【地理处理】→【结果】，弹出【结果】对话框，如图 6-10 所示。

图 6-10　空间自相关（Moran I）分析结果

➤ 从计算结果来看 Moran's I 指数为正数，并且有比较高的 z 得分和较低的 p 值，说明该城市家庭收入空间分布具有比较显著的空间正相关，即高 / 高收入家庭集聚或低 / 低收入家庭集聚。

（4）查看报告

➤ 根据结果对话框中给出的报告路径，打开报告文件，如图 6-11 所示。该文件以图形的方式显示了分析结果。结果对应图中的红色区域，该区域被注明是显著的集聚。

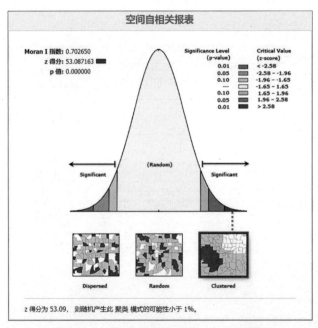

图 6-11　空间自相关（Moran I）分析报表

步骤 2：高 / 低聚类（Getis–Ord General G）

由于 Moran's I 指数不能判断空间数据是高值聚集还是低值聚集，Getis 和 Ord 于 1992 提出了 General G 系数。类似于全局 Moran's I，它也用 z 得分来检验空间自相关的统计显著性，不同的是 z 得分为正意味着存在高/高集聚，负值意味着低/低集聚。

（1）加载数据

➢ 启动 ArcMap，加载随书数据【实验数据\基础篇\空间格局分析\收入空间分布\家庭收入 .shp】。

（2）启动【高/低聚类（Getis-Ord General G）】工具

➢ 在【目录】面板中选择【工具箱\系统工具箱\Spatial Statistics Tools\分析模式\高/低聚类（Getis-Ord General G）】，显示【高/低聚类（Getis-Ord General G）】对话框（图6-12）。

（3）进行【高/低聚类（Getis-Ord General G）】分析

➢ 设置【高/低聚类（Getis-Ord General G）】对话框的参数，如图6-12所示。点击【确定】开始计算。计算完成后，选择菜单【地理处理】→【结果】，弹出【结果】对话框，如图6-13所示。从计算结果来看 z 得分为负，并且 p 值很低，说明该城市家庭收入空间分布具有比较显著的低值集聚的特征。

图6-12 高/低聚类分析对话框

图6-13 高/低聚类分析结果

（4）查看报告

➢ 根据结果对话框中给出的报告路径，打开报告文件，如图6-14所示。该文件以图形的方式显示了分析结果。结果对应图中的蓝色区域，该区域被注明是显著的低值集聚。

➢ 由此可以看出，从全局来分析，该城市家庭收入空间分布具有比较显著的低值集聚的特征，即低收入家庭和低收入家庭集聚。但是就此认为该城市的局部空间里也不存在高/高收入家庭集聚和高/低收入家庭相邻还为时过早。因为全局空间自相关假定空间是同质的，即研究区域内的空间事物的某一属性只存在一种整体趋势。但是空间事物的空间异质性并不少见，即某些局部表现出空间正相关或负相关，而另一局部表现出发散。因此，还需要局域空间相关性分析。

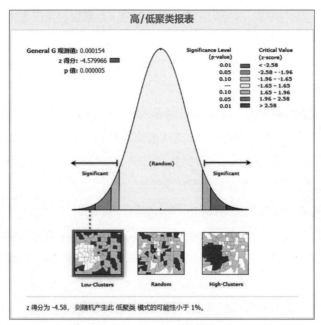

图6-14 高/低聚类分析报表

步骤3：聚类和异常值分析（Anselin Local Moran's I）

局域 Moran's I 亦称为 LISA，用于发现局域空间是否存在空间自相关，它计算每一个空间单元与邻近单元就某一属性的相关程度。

（1）加载数据

➤ 启动 ArcMap，加载随书数据【实验数据\基础篇\空间格局分析\收入空间分布\家庭收入 .shp】。

（2）启动【聚类和异常值分析】工具

➤ 在【目录】面板中选择【工具箱\系统工具箱\Spatial Statistics Tools\聚类分布制图\聚类和异常值分析（Anselin Local Moran's I）】，显示【聚类和异常值分析（Anselin Local Moran's I）】对话框，如图 6-15 所示。

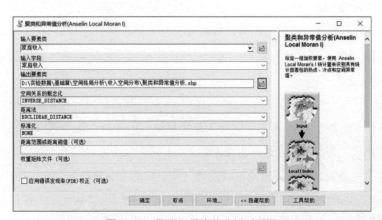

图6-15 聚类和异常值分析对话框

（3）进行【聚类和异常值分析（Anselin Local Moran's I）】分析

➢ 设置【聚类和异常值分析（Anselin Local Moran's I）】对话框的参数，如图6-15所示。点击【确定】开始计算。计算完成后会自动加载结果图层，如图6-16所示。该图用颜色区分了四种自相关，即 HH（高 / 高集聚）、HL（高 / 低集聚）、LH（低 / 高集聚）、LL（低 / 低集聚）。

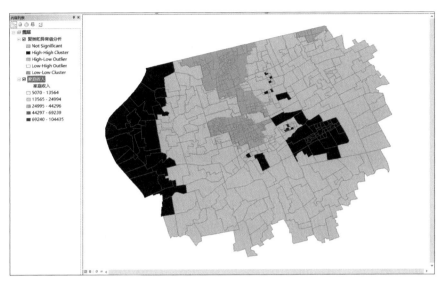

图6-16　聚类和异常值分析结果图

➢ 打开该图层的属性表，如图6-17所示，可以看到该图层记录了每个地块的 Local Moran's I 指标（【LMiIndex IDW】字段）、z 得分（【LMiZScore IDW】字段）和 p 值（【LMiPValue IDW】字段）。

FID	Shape	SOURCE_ID	家庭收	LMiIndex	LMiZScore	LMiPValue	COType
0	面	0	5532	0.020001	2.349518	0.018798	LL
1	面	1	6479	0.042245	2.60229	0.00926	LL
2	面	2	5228	0.054603	2.768838	0.005626	LL
3	面	3	9997	0.000735	0.086708	0.930904	
4	面	4	9149	0.049261	2.419786	0.01553	LL
5	面	5	8381	0.005727	0.721522	0.470588	
6	面	6	9123	0.046975	2.218841	0.026498	LL
7	面	7	7946	0.047903	2.114134	0.034504	LL
8	面	8	5079	0.027372	2.200996	0.027736	LL
9	面	9	9930	0.036684	1.902103	0.057158	
10	面	10	9555	0.014342	1.428039	0.153281	
11	面	11	6134	0.034722	2.259792	0.023834	LL

图6-17　聚类和异常值分析结果表

➢ 通过该分析可以看出，该城市不仅存在低收入家庭和低收入家庭集聚，而且还存在大量高收入家庭和高收入家庭集聚（如图中黑色区域）和少量高 / 低收入家庭相邻（如图中黄色区域）。此外，非常有价值的是，该分析还得到了集聚的空间位置：高 / 高收入家庭集聚主要位于西部沿河区域和东部新城，而低 / 低收入家庭集聚主要位于中部老城区和北部铁路沿线。

步骤 4：热点分析（Getis–Ord Gi）

除了局域 Moran's I，局域 G 系数（Geits–Ord Gi）也是常用的探测局域空间自相关的有效方法。并且和局域 Moran's I 各有所长：局域 G 系数能较准确地探测出聚集区域，而局域 Moran's I 一般对聚集范围的识别偏差较大，能大致探测出聚集区域的中心，但探测出的范围小于实际范围；此外，在同样的条件下，局域 Moran's I 探测高值聚集的能力要逊色于对低值聚集的探测。

（1）加载数据

➤ 启动 ArcMap，加载随书数据【实验数据 \ 基础篇 \ 空间格局分析 \ 收入空间分布 \ 家庭收入 .shp】。

（2）启动【热点分析（Geits–Ord Gi）】工具

➤ 在【目录】面板中选择【工具箱 \ 系统工具箱 \Spatial Statistics Tools\ 聚类分布制图 \ 热点分析（Geits–Ord Gi）】，显示【热点分析（Geits–Ord Gi）】对话框，如图 6-18 所示。

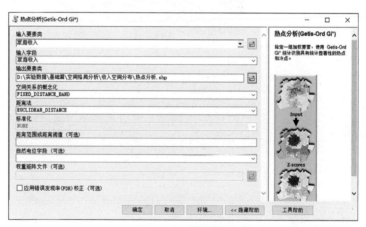

图6-18　热点分析对话框

（3）进行【热点分析（Geits–Ord Gi）】分析

➤ 设置【热点分析（Geits–Ord Gi）】对话框的参数（图 6-18）。点击【确定】开始计算。计算完成后会自动加载结果图层，如图 6-19 所示。该图用颜色区分了"热点"和"冷点"，即高 / 高集聚和低 / 低集聚。对比局域 Moran's I 可以看出，局域 G 系数探测出的聚集区域更大一些。

➤ 打开该图层的属性表，可以看到该图层记录了每个地块的 z 得分（【GiZScore】字段）和 p 值（【GiPValue】字段）。统计面积发现高 / 高集聚和低 / 低集聚的地块面积占了总城区的 49.3%。

通过该实验可以得出如下结论：该城市的不同收入水平的家庭在选择居住区位时具有比较明显的倾向性，高收入家庭和高收入家庭集聚，低收入家庭和低收入家

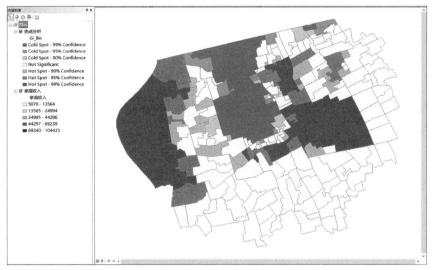

图6-19　热点分析结果图

庭集聚，并且低收入家庭和低收入家庭集聚的特征更强烈一些。集聚的地块面积占了总城区的 49.3%，整个城市的居住空间分异非常明显，这对于社会和谐发展十分不利。

该分析还得到了集聚的空间位置：高 / 高收入家庭集聚主要位于西部沿河区域和东部新城，占据了比较优越的自然景观和生态；而低 / 低收入家庭集聚主要位于中部老城区和北部铁路沿线，这些区域的社会服务和就业相对比较完善。这种空间分布对于社会资源的分配不存在过多的相互侵占，因此暂时不会引发较大的社会冲突，但是要特别注意防范旧城更新改造过程中的低收入阶层被迫郊区化的问题，以及老城区的没落。

6.3　空间插值分析

6.3.1　基本介绍

将点尺度数据向面尺度信息转换的最佳方法就是空间插值，主要方法包括：克里金插值法（Kriging）、反距离加权法（IDW）、样条函数插值法（Spline）等。与其他方法相比，Kriging 插值法更为灵活，能够充分利用数据探索性工具，对正态数据的预测精度最高，插值结果具有空间二阶平稳性。

克里金插值法又称为空间局部插值法，是以半变异函数理论和结构分析为基础，在规定区域内对区域内变量进行无偏最优估计的一种地理统计学方法。该方法适用于区域内存在空间自相关的变量。它利用区域化变量的原始数据和变异函数的结构特点，考虑了样本点的大小、空间方位、形状和样本的空间位置关系，结合变异函数提供的结构信息，对未知样本进行无偏最优估计。

近年来，空气污染物 PM2.5 受到公众广泛关注。伴随着城市人口、能源消耗和机动车数量的迅速增长，PM2.5 污染日益严重。本节介绍如何采用克里金插值法，通过空间已知的监测数据点的 PM2.5 值，计算预测出相关的其他未知点或者相关区域内的所有点的值，从而分析其空间特征。

本节应用到的数据：

（1）武汉市主城区 PM2.5 监测站点数据，包括站点编码、站点名称、站点经纬度等。数据类型：.shp。

（2）各监测站点 PM2.5 浓度，数据采集时间为 2017 年 12 月 31 日 00：00。数据类型：.xls。

（3）武汉市主城区，包括三环以内地区以及沌口、武钢区域。数据类型：.shp。

6.3.2 实验步骤

步骤 1：加载数据

（1）加载监测站点数据

启动 ArcMap，加载随书数据【实验数据 \ 基础篇 \ 空间格局分析 \PM2.5 空间分布 \ 监测站点 .shp】。

（2）加载站点 PM2.5 浓度数据

➢ 加载随书数据【实验数据 \ 基础篇 \ 空间格局分析 \PM2.5 空间分布 \PM2.5 浓度数据 .xls\Sheet1$】。

（3）将 PM2.5 浓度数据关联到监测站点数据中

➢ 打开【监测站点】的属性表，在【表选项】中选择【连接和关联 \ 连接】，在【连接数据】对话框中基于【监测点编码】字段连接两个表，如图 6-20 所示。

（4）添加字段并取消连接

➢ 在【监测站点】的【表选项】中选择【添加字段】，设置名称为"浓度"，并选择字段类型为【长整型】，点击【确定】。

➢ 在新添加的字段上点击右键，选择【字段计算器】，并让新添加的字段等于连接表格中的 PM2.5 浓度，完成后点击【确定】。

➢ 点击【表选项 \ 连接和关联 \ 移除连

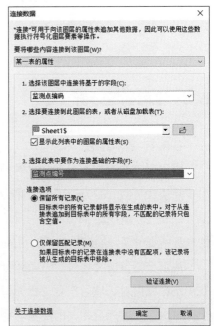

图 6-20　连接数据对话框图

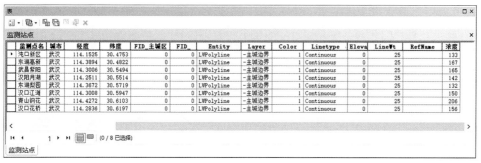

图6-21　数据属性表

接\移除所有连接】。得到整理好的数据（图6-21），为下一步进行克里金插值做准备。

步骤2：克里金插值

ArcGIS中的克里金法是通过一组具有z值的分散点生成估计表面的高级的统计过程，假定采样点之间的距离或方向可以反映表面变化的空间相关性，使用数学函数将指定数量的点或指定半径内的所有点进行拟合以确定每个位置的输出值。

（1）启动【克里金法】工具

➤ 在【目录】面板中选择【工具箱\系统工具箱\Spatial Analyst Tools\插值分析\克里金法】，显示【克里金法】对话框，如图6-22所示。

（2）进行克里金插值分析

➤ 设置【克里金法】对话框的参数。点击【环境】，设置【处理范围】与【栅格分析\掩膜】如图6-23所示，点击【确定】开始计算。

注：在【克里金法】参数设置中，泛克里金法常用于不连续区域，对于连续区域，选择普通克里金法即可。因此此处选择普通克里金。

图6-22　克里金法对话框

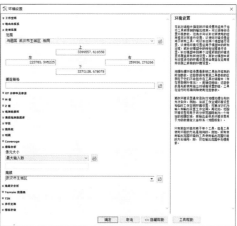

图6-23　环境设置对话框

采用普通克里金（Ordinary Kriging）插值法模拟预测空间上其他位置的PM2.5值，并采用自然间断点分级法对空气质量进行可视化处理，从而得到其空间分布特征，如图6-24所示。需要指出的是，样本的数量决定了克里金模拟结果的精度和可视化效果。

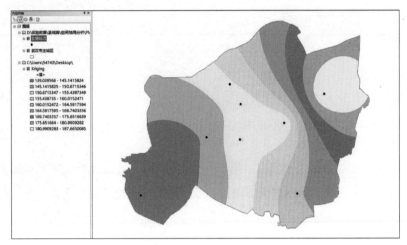

图6-24　克里金法分析结果图

6.4　小结

本章基于 ArcGIS 介绍了研究城市事物空间分布关系的聚类和插值分析方法。对于点状事物的空间格局分析，利用平均最近邻分析从全局判断其是否具有集聚性，利用多距离空间聚类分析来判定分析其在各个不同尺度下的集聚性。空间自相关分析主要检验空间事物的某项属性是否存在高高相邻分布或高低间错分布。利用 Moran's I 统计、高 / 低聚类，可进行全局空间自相关判定，判定其是否存在空间集聚以及集聚的类型。利用聚类和异常值分析、热点分析进行局域空间自相关判定，可分析各类集聚的空间分布位置。空间插值分析，主要针对克里金插值法进行了详细介绍，根据有限点处的数值模拟预测空间其他位置的数据值，以此得到其空间分布特征。聚类和插值分析方法，具有实现简单、实用性强的优点，读者可根据设计或研究需要，灵活加以应用，可以达到较好的分析效果。

参考文献

[1]　牛强. 城乡规划 GIS 技术应用指南 GIS 方法与经典分析 [M]. 北京：中国建筑工业出版社，2018.

提高篇

第 7 章

MATLAB 数据处理与统计分析

MATLAB（Matrix Laboratory）是 20 世纪 80 年代开发的一种可视化科学计算软件，界面友好且开放性很强。它将矩阵运算、数值分析、图形处理、图形用户界面和编程技术有机结合，为用户提供了一个强有力的工程问题分析、计算及程序设计的工具。MATLAB 已成为广大读者在数值分析、数字信号处理、自动控制理论以及工程应用等方面的首选工具[1]。

MATLAB 软件主要由主程序、Simulink 仿真系统以及 MATLAB 工具箱三部分组成。其中，主程序包括 MATLAB 语言、工作环境、句柄图形、数学函数库和应用程序接口五个部分。Simulink 用于动态仿真的交互式系统，允许用户在屏幕上绘制框图来模拟一个系统，并能动态地控制系统。MATLAB 工具箱则用 MATLAB 基本语句编写各种子程序集和函数库，用于解决某一方面的特定问题或实现某一类的新算法，它是开放性的，可以根据具体要求进行扩展。MATLAB 语言是以数组为基本单位，包括控制流程语句、函数、数据结构、输入输出以及面向对象的高级语言[2]。

MATLAB 强大的图像处理和数值分析模块，为城市规划的定量分析提供了基础。本章将结合城市规划相关案例，对该软件的基本操作进行讲解，引导规划及相关专业读者掌握入门及基本分析技术。

7.1　基本介绍

MATLAB 在城市研究以及规划实践中具有越来越重要的技术支撑作用。它囊括丰富的统计模型和工具，具备优越的数值计算与图形可视化功能，十分契合大数据背景下城市规划研究的发展需求。例如，用于各类城市资源评价的层次分析法、因子分析法、主成分分析法；用于城市发展驱动因素判明的相关分析模型、回归分析模型；用于城市规划管理，城市扩张模拟与情景分析的目标规划模型、遗传算法模型、神经网络模型等。这些方法采用传统的编程工具需要很长的程序代码，程序的修改、调试及维护均十分困难[3]。MATLAB 免去了编译过程，程序的编制、修改、运行和调试都极为方便。对于学习城市规划量化分析方法，MATLAB 提供了更高效的计算环境，为城市研究提供了有力的科学工具，辅助城市规划决策。

为全面展示、介绍 MATLAB 统计工具在城市规划研究中的应用，本部分以武汉市主城区房价与建成环境关系研究为例，依托 MATLAB 的地理栅格数据分析和统计工具，探讨武汉市主城区房价与其建成环境的关系，以明确影响城市房价的主要建成环境要素。具体内容包括：栅格数据的导入与处理、一元线性回归、多元线性回归、逐步回归、Logistic 回归分析的实验操作及应用。

7.2 数据获取

7.2.1 MATLAB 房价数据爬虫简介

本研究需要爬取武汉市主城区小区住房均价与空间点位数据。本节将介绍 MATLAB 的"网络爬虫"功能，以某房产中介网站的小区房价页面作为案例，以爬取该网站的小区名称、房价、建成年代的信息，并获取其经纬度，在 ArcGIS 中显示。

以武汉某房产中介网站为例，使用浏览器功能查看网页源代码，归纳需要提取数据信息的特征规律。可以发现，该网页每个小区的名称、房价等信息都包含在两个"</li>"字样之间，且每页连续显示 30 个小区信息。因此，需要提取整个武汉市的房价数据，需要遍历所有行政区以及各区下的所有网址。采用循环语句对于每一个网址调用 MATLAB 中的"urlread"函数提取其内容，进而使用"正则表达式"在内容中提取名称、房价和建成年代信息。本书随书数据含有相关代码，读者可根据需求进行分析应用。

提取房价信息后，要用于城市空间分析，还需掌握每个小区的空间位置信息。可采用百度 / 高德等地图服务上的 API 来完成每个小区坐标的经纬度信息提取（参考随书数据）。使用 MATLAB 中的"writetable"函数，将数据从 MATLAB 中导入 Excel 表格，并将 Excel 表格导入 ArcGIS。进一步，使用 ArcGIS 中的"显示 XY 数据"功能，将数据进行点状的可视化，并根据价格高低给点设置颜色，初步可视化。要注意的是，获得的经纬度为"百度坐标"，如果要与其他坐标的文件进行分析，需要在 ArcGIS 中进行坐标变换。

7.2.2 数据处理

栅格数据的读取是将城市的地理信息数据引入 MATLAB 中进行数据分析、模型构建的基础操作。本研究使用的数据包括上节爬取的武汉市主城区小区住房均价空间点位数据，以及反映居住环境的河流湖泊要素、道路分布网络、商场及教育机构 POI 数据。需要将这些矢量数据转为栅格数据，在 MATLAB 读取后以相同行列数的矩阵形式显示，以进行后续回归分析。

于 ArcGIS 中运用反距离插值工具对房价点位数据进行插值，则得到房价插值栅格数据。对河流湖泊要素进行欧式距离分析，则得到距离河流、湖泊的距离栅格数据。对道路线网、商场 POI 点、教育机构 POI 点进行线密度和点密度分析，则得到这三类要素的密度栅格数据，见表 7-1。具体数据内容如下所示：

（1）房价插值栅格数据。数据类型：TIFF；栅格大小：30×30。

（2）城市建成要素空间栅格数据。数据类型：TIFF；栅格大小：30×30。

数据内容列表　　　　　　　　　　　　　　　表 7-1

数据分类	房价	城市建成要素				
数据代号	fangjiachazhi	lake	river	road	shopping	education
数据内容	房价反距离插值栅格数据	距湖泊欧式距离栅格数据	距长江欧式距离栅格数据	道路线密度栅格数据	场点密度栅格数据	教育机构点密度栅格数据

7.3 栅格数据读取与分析

7.3.1 导入 TIFF 数据并编号

本章节房价与建成环境关系研究案例中，共考虑六个变量：五个建成要素数据（自变量），一个房价插值数据（因变量）。采用"geotiffread"函数读取各变量数值，具体命令如下（表 7-2、图 7-1）。可以看出，读取后每个变量都是 984 行 × 1207 列的矩阵，且每个矩阵的元素的值，与在 ArcGIS 中识别读取栅格的值是相同的。

需要注意的是，通常 tif 文件的空间范围，并非是矩阵显示的方形，因此有部分栅格会是无数值（NoData）的。无数值的栅格会影响后续统计分析的准确性，可以在 ArcGIS 中右键单击栅格图层，利用【导出数据】工具（图 7-2），将 NoData 数值赋值为 99999（图 7-3），另存为新的 tif 文件，便于在后续回归样本中识别无数值栅格并剔除。本例中的自变量与因变量 tif 文件均已对 NoData 数值进行了重新赋值，可直接导入 MATLAB 中展开运算。

栅格数据读取代码	表 7-2

```
%%% 数据导入与编号
x1=geotiffread ('E：\ 实验数据 \ 提高篇 \Matlab 栅格数据提取与分析 \ 基础数据 \lake.tif'，1）;
x2=geotiffread ('E：\ 实验数据 \ 提高篇 \Matlab 栅格数据提取与分析 \ 基础数据 \river.tif'，1）;
x3=geotiffread ('E:\ 实验数据 \ 提高篇 \Matlab 栅格数据提取与分析 \ 基础数据 \shopping.tif'，1）;
x4=geotiffread ('E:\ 实验数据 \ 提高篇 \Matlab 栅格数据提取与分析 \ 基础数据 \education.tif'，1）;
x5=geotiffread ('E：\ 实验数据 \ 提高篇 \Matlab 栅格数据提取与分析 \ 基础数据 \road.tif'，1）;
y=geotiffread ('E：\ 实验数据 \ 提高篇 \Matlab 栅格数据提取与分析 \ 基础数据 \fangjiachazhi
.tif'，1）;
% 若数据缺失投影信息，当导入数据时，MATLAB 中会出现警告。但此警告不影响数据分析，
因此在本操作中可以略过。
```

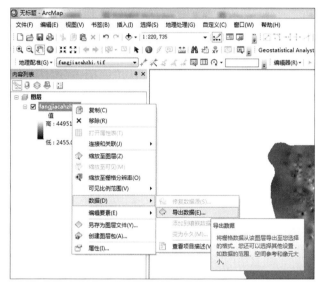

图7-1 导出数据工具操作示意图

图 7-2 NoData 数据重新赋值示意图

城乡规划定量分析方法

7.3.2 回归样本数据整理

在进行房价与建成环境关系回归分析前，需要将变量矩阵形式转换为列向量形式，以满足 MATLAB 中统计回归函数的输入数据要求。矩阵变换，需获取原矩阵的行列数，以计算变换后的行列数。采用"size"函数读取各变量原有行列数，行列数相乘得到变换后的一维向量的行数。采用"reshape"函数对各变量矩阵进行转换。具体命令见表 7-3。

矩阵形式转换代码　　　　　　　　　　表 7-3

```
% 获取 TIFF 数据矩阵的行列数
[m, n]=size（x1）;
a=m*n, b=1
% 运行后可知 a=1187688, b=1
% 将每个变量矩阵转置为列向量，共同构建自变量矩阵集合
F1=reshape（x1, a, b）;
F2=reshape（x2, a, b）;
F3=reshape（x3, a, b）;
F4=reshape（x3, a, b）;
F4=reshape（x4, a, b）;
F5=reshape（x5, a, b）;
Y=reshape（y, a, b）;
```

对于前述矩阵中无数值的栅格，须在回归样本中剔除，以避免影响回归分析结果的准确性。本例中的无数值栅格已在 GIS 中赋值为 99999，只需于 MATLAB 中采用"find"函数找出各变量中的 99999 栅格，并将其赋值为空栅格，从而剔除无效数值。具体命令见表 7-4。

剔除无数值栅格代码　　　　　　　　　　表 7-4

```
% 剔除无数值栅格
F1（find（F1==99999））=[];
F2（find（F2==99999））=[];
F3（find（F3==99999））=[];
F4（find（F4==99999））=[];
F5（find（F5==99999））=[];
Y（find（Y==99999））=[];
```

为了消除不同量纲对计算的影响，需对变量进行归一化处理。采用归一化数学公式如下：

$$x'=（x-x_{\min}）/（x_{\max}-x_{\min}）\tag{7-1}$$

式中，x' 为 x 归一化后的结果，$x_{\max}$ 为所有 x 中的最大值，$x_{\min}$ 为所有 x 中的最小值，具体命令见表 7-5。

归一化处理代码	表 7-5

```
% 归一化处理
[c, d]=size（F1）;
F1min = min（F1）; F1max = max（F1）;
C1=（F1-repmat（F1min, c, 1））./repmat（F1max-F1min, c, 1）;
F2min = min（F2）; F2max = max（F2）;
C2=（F2-repmat（F2min, c, 1））./repmat（F2max-F2min, c, 1）;
F3min = min（F3）; F3max = max（F3）;
C3=（F3-repmat（F3min, c, 1））./repmat（F3max-F3min, c, 1）;
F4min = min（F4）; F4max = max（F4）;
C4=（F4-repmat（F4min, c, 1））./repmat（F4max-F4min, c, 1）;
F5min = min（F5）; F5max = max（F5）;
C5=（F5-repmat（F5min, c, 1））./repmat（F5max-F5min, c, 1）;
Ymin = min（Y）; Ymax = max（Y）;
Y1=（Y-repmat（Ymin, c, 1））./repmat（Ymax-Ymin, c, 1）;
```

　　将归一化后的一维自变量数据合并为一个矩阵，为后文多元回归分析输入做准备。采用"size"函数读取自变量行列，并依据行列数，利用"zeros"函数构建空矩阵，依次将五个自变量列向量赋值为空矩阵的五列，具体命令见表 7-6。

变量合并代码	表 7-6

```
% 读取自变量列向量的行列数，构建同行数，5 列的空矩阵
[c, d]=size（C1）;
data2=zeros（c, 5）;
% 分别为空矩阵的五列赋值
data2（:, 1）=C1;
data2（:, 2）=C2;
data2（:, 3）=C3;
data2（:, 4）=C4;
data2（:, 5）=C5;
```

　　保存自变量的矩阵集合"data2"和因变量数据"Y1"，作为后续章节回归的基础数据。选中 MATLAB 工作区中对应数据（图 7-3），右键进行另存，存储至本章节的基础数据路径下，并命名为"基础数据处理结果"，得到栅格数据导入及处理的最终结果。

　　以上的代码命令，可以通过创建 .m 文件，将代码复制粘贴在 .m 文件中，并保存。通过单击运行程序进行调试，可得出结果并保存在工作区中。MATLAB 中多个 .m 文件也可相互调用，以实现更复杂的功能，有兴趣的读者可去查阅相关工具书了解。

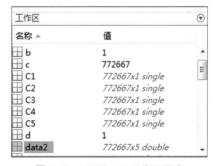

图 7-3　MATLAB 工作区示意

7.4　一元线性回归分析

回归分析是统计学的一种重要方法，可用以确定两种或两种以上变量间相互依赖的定量关系。城市系统是巨复杂系统，包含多层次多要素之间的作用关系。可通过回归分析量化城市各要素变量与城市现象之间的关系，捕捉城市发展规律及其成因机制。基于数理方法捕捉的规律，可模拟未来城市要素间的作用，预测城市发展，为规划提供辅助决策技术支持。

回归分析主要步骤包括：绘散点图观察数据分布特征，估计模型参数，统计检验，解释和预测。其中，统计检验通常包括五种：相关系数检验、标准误差检验、F检验、t检验和 DW 检验（Durbin–Watson 检验）。对于多元线性回归，还需诊断分析变量的共线性问题。对于一元线性回归，F检验、t检验和相关系数检验等价，一般只需要开展相关系数检验和标准误差检验。当样本属于有序的时间序列或空间序列，则需开展 DW 检验。

基于前文案例与栅格数据，本节将介绍 MATLAB 的一元线性回归应用，通过探讨武汉市主城区房价与道路密度的统计关系展开。

7.4.1　MATLAB 实现

在回归之前，可先绘制数据的散点图，从图形上判断数据是否近似呈线性关系。若确认它们近似在一条线上，再用线性回归的方法进行回归，程序见表 7–7。

数据散点图绘制代码　　　　　　　　　　　　　　表 7–7

```
% 绘制散点图
load（' 基础数据处理结果 .mat' ）
x=C5 ；
y=Y1 ；
figure（1）                          % 创造第一个图形
plot（x，y，'Or' ）；                 % 绘制散点图
xlabel（' 道路密度 C5' ）；           % 添加横轴标签
ylabel（' 房价数据 Y1' ）；           % 添加纵轴坐标
hold on                            % 保持图形
```

由图 7–4 可见，道路密度要素与房价数据间存在一定的线性趋向性，可通过调用一元线性回归分析函数，进一步量化两者之间的数理关系。

MATLAB 一元线性回归分析，可以通过调用 LinearModel.fit 函数或 regress 函数实现，本节采用 regress 函数实现，其语法为：

$$[B, Bint, E, Eint, stats]=regress（Y, X, \alpha）$$

其中，X 表示自变量的观测值（注：需要在自变量矩阵中添加常数向量）；Y 表示因变量的观测值；α 为显著性水平，默认值为 $\alpha=0.05$；B 为回归系数的最小二乘估计向量；Bint 为回归系数 B 在（$1-\alpha$）% 的置信水平上的区间估计；E 为残差向量（观测值与拟合值之差）；Eint 为残差向量的区间估计。

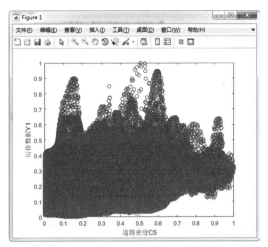

图 7-4　道路密度要素散点图

Stats 包括 4 个统计量：决定系数 R^2 统计量（相关系数为 R），方差分析的 F 统计量，方差分析的显著性概率 F_{sig}（一元回归中为 p 值），误差均方差 s^2 的值。其意义和用法如下：

R^2 用于度量拟合优度，R^2 的值越接近 1，说明自变量与因变量间的线性相关性越强，模型的模拟值与观测值间的拟合度越高，模型有效性强。

F 统计量用于检验模型整体的显著性，如果满足 $F_{(a,n,m-n-1)} \leqslant F$（ m 为样本个数，n 为自变量个数，α 为显著性水平，本例中 $m=772667$，$n=1$，$\alpha=0.5$ ），则认为自变量于因变量显著地有线性关系，其中，$F_{(a,n,m-n-1)}$ 可以通过在 MATLAB 中输入命令 finv（ $1-\alpha$，n，$m-n-1$ ）计算得到。

F_{sig}（一元回归中即为 p 值）用于检验 F 统计量的置信度，如果 $p<\alpha$，表示 F 统计量通过置信检验，线性模型可用。可通过 p 值确定回归模型是否通过某个显著性水平的检验。当 p 值小于 0.1 时，置信度大于 90%，回归方程较显著；当 p 值小于 0.05 时，置信度大于 95%，回归方程显著；$p<0.01$，回归方程高度显著。

以上三个统计量可以相互印证，s^2 的值主要用来比较模型是否有改进，其值越小说明模型精度越高。具体命令见表 7-8。

一元线性回归实现代码　　　　　　　　　　　　　　　　表 7-8

```
% 归一化处理
load（'基础数据处理结果 .mat'）
x=C5；
y=Y1；
[m，n]=size（x）；
X=[ones（m，1），x]；      % 在自变量矩阵中添加常数向量再回归
Y=y；
[B，Bint，E，Eint，Stats]=regress（Y，X）；
```

运行表 7-9 中代码，得到如下回归结果。

一元线性回归模型运作结果　　　　　　　　　　表 7-9

```
% 归一化结果
B =
    0.1967
    0.1118
Bint =
    0.1964    0.1971
    0.1108    0.1128
Stats =
    0.0606    49817.797    0    0.0071
```

通过向量 B 可得到回归函数：$y=0.1967+0.1118 \cdot x$。$b_1=0.1118$，表明道路密度每增加一个单位，则武汉市主城区的房价会增加 0.1118 个单位，道路密度越大的区域则房价越高。

在向量 Stats 中，对应的统计量 $R^2=0.0606$，$F=49817.797$，$p=0.0000$，$s^2=0.0071$。模型 p 值为 0，表明模型结果在 95% 的置信范围内，道路密度与房价之间的正相关关系是显著的。均方差 s^2 的平方根即为标准误差，输入"s=Stats（4）^0.5"可计算标准误差 $s=0.0844$。

7.4.2　统计检验

对于一元线性回归分析而言，F 检验、t 检验和相关系数检验完全等价，一般只需要开展相关系数检验和标准误差检验，下面介绍结果检验分析方法。

（1）相关系数检验

相关系数用于检验模型的拟合优度。若相关系数大于其临界值，则表示满足拟合优度要求。相关系数临界值计算公式：对于一元线性回归模型，F 统计量、模型斜率的 t 统计量以及相关系数的关系如下：

$$F = t^2 = \frac{R^2}{\dfrac{n}{m-n-1}(1-R^2)} \tag{7-2}$$

其中，m 为回归样本个数，n 为自变量个数，$n=1$。简化后，可得相关系数：

$$R = \sqrt{\frac{F}{F+m-n-1}} \tag{7-3}$$

其中，F 统计量已在前文的一元线性回归分析结果中给出（表 7-9），为 49817.797。定义 F 统计量后，在 MATLAB 命令窗口输入"R=sqrt（F/（F+m-n-1））"并回车，得到 $R=0.2461$。当然，也可根据回归结果分析表 7-9 的 R^2 开方求得。

利用 MATLAB 命令，假定显著性水平为 $\alpha=0.05$ 时，计算相关系数的临界值：$RC=\mathrm{sqrt}\left(\mathrm{finv}\left(1-\alpha,\ n,\ m-n-1\right)/\left(\mathrm{finv}\left(1-\alpha,\ n,\ m-n-1\right)+m-n-1\right)\right)$，得到 $RC=0.0022$（表 7-10）。可知，$R>RC$，表示人们有 95% 的把握相信，模型的拟合优度达到要求。类似可计算显著水平为其他值下的拟合优度检验，如 $\alpha=0.01$。显著性水平不同，相关系数的临界值也不同。

相关系数检验代码与结果	表 7-10

```
% 上接表 7-8 程序 [B, Bint, E, Eint, Stats]=regress（Y, X）;
% 相关系数检验
F=Stats（2）
R=sqrt（F/（F+m-n-1））
RC=sqrt（finv（1-a, n, m-n-1）/（finv（1-a, n, m-n-1）+m-n-1））
% 计算结果 R=0.2461, RC=0.0022
```

（2）回归标准误差检验

回归标准误差用于检验模型的预测精度。前面计算本案例标准误差为 $s=0.0844$。为了排除数据量纲的影响，用 s 值除以因变量的平均值，得到变异系数：

$$v=\frac{s}{\bar{y}} \tag{7-4}$$

经验上，要求 v 至少要小于 0.15。本案例 $v=0.3671$，故模型的预测精度有待提升。也就是说，道路因素无法预测房价。

总之，相关系数临界值检验可知，人们有 95% 的把握相信，模型可以通过拟合优度的检验。但 0.0606 的拟合优度相对较低，也就是说，道路密度与房价存在显著的正相关关系，但还未能完全解释房价的相关要素。下一步需要通过开展多元线性回归，纳入更多的解释变量来进行模拟计算。

7.5　多元线性回归分析

多元线性回归分析是一元线性回归分析的拓展，其统计检验的内容相对复杂。本节将五个城市建成要素全部纳为自变量考虑，探索影响武汉市主城区房价的因素。

7.5.1　MATLAB 实现

与前文一元线形回归相同，可以通过调用 regress 函数实现多元回归（表 7-11），不同之处在于输入变量为五个城市建成要素，注意，此处自变量需要加入常数向量。

$$[B,\ Bint,\ E,\ Eint,\ stats]=\mathrm{regress}\left(Y,\ X,\ \alpha\right)$$

多元线性回归计算程序 表 7-11

```
load（'基础数据处理结果 .mat'）
X2=data2 ;
X2new=[ones（m，1），X2] ;                    % 在自变量矩阵中加入常数向量
[B1，Bint1，E1，Eint1，Stats1]=regress（Y1，X2new）;    % 调用多元线性回归函数
[a，b]=size（X2）
s=Stats1（4）^0.5                             % 给出标准误差
DW=sumsqr（E1（2：b）－E1（1：b-1））/ sumsqr（E1）    % 进行 DW 检验
% 计算 t 统计量
ST=Stats1（4）*inv（X2'*X2）                    % 计算一个特殊的方阵
D=diag（ST）;                                 % 提取方阵对角元素
sj=D.^0.5 ;                                  % 计算参数标准误差
T=B1（2：b+1）./sj                            % 计算 t 统计量
```

函数输出结果变量的含义与一元线性回归相同。运行上述命令后，回归系数结果解释方法可参考一元线性回归内容，此处不再赘述。在向量 Stats 中，对应的统计量 R^2=0.1241，F=21908.438，F_{sig}=0.0000，s^2=0.0066。

7.5.2 统计检验

多元回归分析中，相关系数分析、标准误差检验、F 检验，都是重要的过程。若变量是有序的时空数据，DW 检验一般不可省略。有了上面的运算结果，可对回归模型进行统计检验分析。

（1）拟合优度

在本例中，复相关系数的平方即拟合优度 R^2=0.1241，相对于一元线性回归分析的 R^2=0.0606 有了较大提升。但复相关系数存在一个问题，即会随着自变量的增加而不断升高。即使增加的自变量对模型没有实质性的贡献，拟合优度也随之增高。这种现象叫作"回归自由度导致的拟合优度膨胀"。为了"惩罚"自由度，通常采用校正复相关系数平方代替相关系数进行拟合优度检验。MTALAB 采用的校正相关系数的计算公式为：

$$R_{adj}^2 = R^2 - \frac{m+1}{n-m-1}(1-R^2) = 1 - \frac{n}{n-m-1}(1-R^2) \qquad （7-5）$$

根据本节采用数据案例，结果为 0.1241，与原有 R^2 的 0.1242 相比，校正幅度较小，拟合优度膨胀较少，模型计算结果较为可信。

（2）标准误差检验

采用前文介绍的变异系数计算公式可知，本案例标准误差为 s=0.0815，变异系数 v=0.3545。虽然多元线性回归分析的变异系数小于一元线性回归，但数值仍大于 0.15，模拟的预测精度有待进一步提升。

（3）F 检验

如前所述，在 MATLAB 中，可利用 finv（1−α，n，m−n−1）命令计算 F 统计量临界值，其中，1−α 为置信度，n 为自变量数，m 为样本数。

以本节案例的参数为例，假定显著性水平取 α=0.05，查阅 5 个自变量 n=5，m=772667，输入语句为"finv（1−0.05，5，772667−5−1）"，结果 2.2141。如果将显著性水平改为 α=0.01，输出的临界值为 3.0173。而回归输出结果中，F 值为 21908.438，可见，$F > F_{α, m, n-m-1}$，F 统计量检验通过。

当然，利用 F 累计分布函数 fcdf，可将 F 统计量转换为概率值即 F_{sig}，只要 F_{sig} 值小于某个拟定的显著性水平，如 0.05，F 检验就可以通过。公式为：

$$F_{\text{sig}}=1-fcdf（F 统计量，n，m-n-1）$$

本案例，F_{sig}=0.0000，通过检验。

（4）t 检验

在 MATLAB 中，常规线性回归分析一般基于双侧检验给出 t 值，查阅 t 统计量临界值的函数命令为：tinv（1−α/2，m−n−1）。本例中，拟定显著性水平为 α=0.05，m=772667，n=5，得到结果 ans=1.9600。如将显著性水平改为 α=0.01，结果为 2.5758。需指出的是，也可用单侧检验给出 t 值，命令为：tinv（1−α，m−n−1），但一般习惯上采用双侧检验 t 值。

下面介绍如何计算 t 值。基于 7.5.1 的统计量结果，可以用 MATLAB 语句计算出包括截距在内的全部回归系数的 t 值，从而检验回归系数的有效性。计算公式为：

$$t_j = \frac{b_j}{\sqrt{S_{jj}}} \tag{7-6}$$

式中：S_{jj} 为 $s^2 \cdot (X'X)^{-1}$ 矩阵对角线上的元素。根据公式，计算 t 值的 MATLAB 命令如下（表 7−12）：

t 值计算命令　　　　　　　　　　　表 7−12

```
% t 值计算
MSE=Stats（4）;% 读取均方差
SB=MSE*inv（X'*X）;
D=diag（SB）;
T=B./D.^0.5
```

得到模型参数的 t 统计量为 t_0=873.6204，t_1=−146.0095，t_2=−69.4063，t_3=−36.3618，t_4=168.0859，t_5=102.8960。在 α=0.01 的显著性水平上，t 的临界值为 2.5758。模型结果对比可知，5 个自变量均通过 t 检验，表示都呈现统计显著性，对因变量影响重要。

利用 t 统计量的累计分布函数 $tcdf$，可以将 t 值转换为概率值即 p 值：$p=2×$（$1-tcdf$（abs（t），$m-n-1$））。由于 t 统计量可能是负数，故公式中运用了绝对值函数 abs。

若某回归系数对应的 p 值小于 0.05，则置信度就大于 95%；p 值小于 0.01，则置信度就大于 99%。因此，无需查表即可判断某个统计量的 t 检验在某个显著性水平是否可以通过。

（5）偏相关系数分析

在多元回归分析中，在消除其他变量影响的条件下，所计算的某两变量之间的相关系数称作为偏相关系数。对于多元线性回归，偏相关系数分析非常重要。复相关系数反映模型的全局拟合优度，简单相关系数反映变量之间两两的相关强度。但因为变量之间的关系很复杂，它们可能受到不止一个变量的影响。偏相关系数则可以在扣除其他变量间接影响的情况下，揭示出各个自变量对因变量的直接影响程度或解释能力。假设我们需要计算 X 和 Y 之间的相关性，Z 代表其他所有的变量，X 和 Y 的偏相关系数可以认为是 X 和 Z 线性回归得到的残差 R_x 与 Y 和 Z 线性回归得到的残差 R_y 之间的简单相关系数，即 pearson 相关系数。

根据图示命令（表 7-13）可在 MATLAB 中计算偏相关系数。得到本例中 5 个自变量对应的偏相关系数分别为 -0.1638、-0.0787、-0.0413、0.1877、0.1163。根据偏相关系数计算结果可知，教育机构分布密度、距湖泊距离、道路密度对房价的影响较大，而距长江距离、商业设施密度因素的影响次之。

偏相关系数计算程序	表 7-13

```
% 偏相关系数计算
load（'基础数据处理结果 .mat'）
[m1，n1]=size（data2）；
Xy=[data2 Y1]；
for j=1：1：n1+1
  M（j）=mean（Xy（：，j））；              % 计算各变量的均值
  S（j）=std（Xy（：，j））；               % 计算各变量的标准差
end
Sv=S（ones（m，1），：）；                  % 均值向量平移为矩阵
Mv=M（ones（m，1），：）；                  % 标准向量差平移为矩阵
Xs=（Xy-Mv）./Sv；                        % 数据标准化
Rs=cov（Xs）；                            % 计算简单相关系数矩阵
C=inv（Rs）；                             % 计算简单相关系数矩阵的逆矩阵
Cjy=C（：，n1+1）；                       % 提取逆矩阵的末列
Cjj=diag（C）；                           % 提取逆矩阵的对角线元素
Pr=-Cjy./（（Cjj*C（n1+1，n1+1））.^0.5）；  % 计算偏相关系数
Rjy=Pr（1：n1）；                         % 提取自变量的偏相关系数
```

7.5.3 多重共线性判断

可以根据回归系数、t 统计量和偏相关系数的结果，初步判定模型中是否存在自变量共线性问题。若自变量间的相关性都高，则需对自变量进行多重共线性分析，然后调整模型输入。自变量间的重共线性问题，可通过自变量对应的容忍度（Tol）和方差膨胀因子（VIF）检验，二者互为倒数。通常，一般要求 VIF 值小于 5[4]。若 VIF 大于 5，表示存在共线性问题。

利用矩阵函数，可以非常方便地计算出 VIF 值，进而算出 Tol 值。具体实现命令如表 7-14 所示。首先，由表 7-14 所示的程序计算简单相关系数矩阵；然后，借助矩阵求逆函数 inv 计算相关系数矩阵的逆矩阵。该逆矩阵的对角线上的元素，就是相应的 VIF 值，其倒数便是 Tol 值。运行这个程序，在命令窗口输入"Col"并回车，立即得到表 7-15 结果。

多重共线性计算程序 表 7-14

```
%VIF 检验
load（'基础数据处理结果 .mat'）
[m1，n1]=size（data2）;
Xcheck=data2 ;              % 需要检验的自变量
Col=zeros（n1，3）;         % 输出结果，第一列是变量编码，第二列是 Tol，第三列是 VIF 值
R0=corrcoef（Xcheck）;      % 变量之间的相关系数矩阵
VIF=diag（inv（R0））;       % 相关系数求逆再取对角线值
for j=1 : 1 : n1            % for 循环给第一列赋值
    Col（j，1）=j ;
end
Tol=ones（n1，1）./VIF ; %Tol 等于 VIF 倒数
Col（ : ，2）=Tol ;         % 第二列赋值
Col（ : ，3）=VIF ;         % 第三列赋值，输出结果
```


VIF 计算结果 表 7-15

```
%VIF 计算结果
Col =
    1.0000    0.8970    1.1148
    2.0000    0.8654    1.1555
    3.0000    0.3622    2.7608
    4.0000    0.3961    2.5245
    5.0000    0.6323    1.5815
```

这个结果矩阵分为三列：第一列是自变量编号；第二列为对应变量的 Tol 值；第三列为相应的 VIF 值。可以看出，本例不存在共线性问题。

若多元线性回归系统存在多重共线性，就应该剔除一些自变量再进行回归，否则可能会导致错误解释结果。如何删选变量，需对整个变量系统开展综合分析。VIF

统计量的计算有一个缺陷，那就是没有考虑自变量与因变量的因果关系，仅考虑自变量与自变量的相关关系。

偏相关系数可以弥补 VIF 值的缺陷。比较偏相关系数和 VIF 值可以发现，两者都是基于变量相关系数矩阵定义的，都要用到相关系数矩阵的逆矩阵的对角线上的元素进行计算。不同的是，VIF 仅考虑自变量之间的相关系数矩阵，而偏相关系数则需同时考虑自变量和因变量。偏相关系数扣除了间接相关信息，主要反映直接相关信息；VIF 值不仅反映直接相关信息，也反映间接相关信息[5]（表 7-16）。

偏相关系数与 VIF 值的异同点比较   表 7-16

比较项目	VIF 值	偏相关系数
计算根据	自变量相关系数矩阵（n 阶）	全部变量的相关系数矩阵（$n+1$ 阶）
计算关键	相关系数矩阵求逆	相关系数矩阵求逆
定义方法	逆矩阵对角线元素	逆矩阵对角线元素和因变量对应的列元素
统计信息	自变量的直接和间接相关信息	全部变量的直接相互关系

在多元线性回归分析过程中，如果自变量出现多重共线性征兆，则根据如下原则决定一些变量的去留[5]。一个自变量与其他自变量的多重相关性越强，越应该从模型中排除出去；一个自变量与因变量的相关性越强，越应该被引入模型。如果一个自变量与其他自变量的关系微弱但与因变量的关系很强，则一定引入；反之，如果一个自变量与其他自变量的关系很强，但与因变量的关系太弱，则一定剔除，详见表 7-17。

变量系数强弱与模型变量的取舍   表 7-17

	自变量		因变量	
自变量与其他变量的关系	强	弱	强	弱
自变量取舍	剔除	引入	引入	剔除

在具体操作中，综合模型的回归系数、t 统计值、偏相关系数以及 VIF 值进行判断。但是，如果自变量数目很多，则上述综合判断往往难以执行，可以采用逐步回归分析决定变量的取舍。

7.5.4 结果分析

经过以上步骤，可得出本节案例中，5 个城市建成要素与房价之间的多元线性回归结果，见表 7-18。

多元回归分析计算及检验结果　　　　　　表 7-18

变量名称	简单相关系数	偏相关系数	T-value	P-value	Tol	VIF
常数项	0.2211	—	873.6204	0.0000	—	—
距离湖泊距离（C1）	−0.0839	−0.1638	−146.0095	0.0000	0.8970	1.1148
距离长江距离（C2）	−0.0245	−0.0787	−69.4063	0.0000	0.8654	1.1555
商场密度（C3）	0.0547	−0.0413	−36.3618	0.0000	0.3622	2.7608
教育机构密度（C4）	0.0284	0.1877	168.0859	0.0000	0.3961	2.5245
道路密度（C5）	0.0852	0.1163	102.8960	0.0000	0.6323	1.5815

首先，通过对 5 个要素进行多重共线性分析可知，VIF 值都小于 5，5 个要素均不存在多重共线性问题，均可纳入模型中。

由相关系数结果可知，武汉市主城区的房价与湖泊距离成反比关系，若住房离湖泊越远，则房价越低，反之距离湖泊越近的"湖景房"则房价越高；房价与长江距离也成反比关系，若住房离长江越远，则房价越低，反之离长江越近的"江景房"则房价越高；商场密度与房价存在正相关关系，商场密度越高的区域，房价越高；教育机构密度与房价之间也存在正相关关系，教育机构集聚的区域，往往房价更高；道路密度与房价亦存在正相关关系，道路线网越密集的区域，房价越高。同时，拟合优度在多元线性回归分析的场合下达到了 0.1241，高于一元线性回归分析的 0.0605，说明模型的解释能力在纳入更多要素后有了进一步提升。此外，简单相关系数的 t 值以及模型整体的 F 值均在 95% 的置信水平上通过检验，表明模型的相关系数计算结果均是显著的、可信的。

总之，定量回归分析结果证实，武汉市主城区内，自然景观条件优越、交通便捷、教育及商业的生活配套设施越完善的片区，往往房价越高。

7.6　逐步回归分析

在多元回归分析中，可以综合模型的回归系数、t 统计值、偏相关系数以及 VIF 值决定变量去留。但若自变量数目多，则综合判断难以执行，可采用逐步回归筛选并剔除引起多重共线性的变量，避免多重共线性问题。

逐步回归将变量逐个引入模型，每引入一个解释变量都进行 F 检验和 t 检验。当原来引入的解释变量由于后面解释变量的引入变得不再显著时，则将后者删除，以确保每次引入新的变量之前回归方程中只包含显著性变量。这是一个反复检验的过程，直到筛选得到最优的解释变量集。

　　MATLAB 提供了逐步回归分析的交互式环境，可以方便地实现逐步回归建模。其实现命令为：

$$stepwise\ (X,\ Y,\ Inmodel,\ Penter,\ Premove)$$

　　式中：X 为自变量数据矩阵，Y 为因变量数据向量。Inmodel 为包合在初始模型中的逻辑向量或者指示变量（用 0 或 1 表示）。Penter 为变量引入时的临界概率值，默认值为 0.05；Premove 为变量剔除的临界概率值，默认值为 0.1。也就是说，在 Penter 和 Premove 两个参数缺省的情况下，系统默认的标准是：一个变量的概率值 P 值小于 0.05（置信度大于 95%）时被引入模型；大于 0.1（置信度小于 90%）时从模型排除出去。

　　本文采用的房价与建成变量的关系的逐步回归命令见表 7–19。

逐步回归程序　　　　　　　　　　　　　　　　　　　　　　表 7–19

```
% 逐步回归分析
load ('基础数据处理结果 .mat')
X2=data2 ;
X2new=[ones（m，1），X2] ;
stepwise（X2new，Y1）;
```

　　运行后，会弹出逐步回归交互式界面对话窗，如图 7–5 所示。该界面内容包括三个部分：回归系数、统计参数和模型历史。其中，回归系数部分包括圆点图示和矩阵两部分。圆点（point）代表系数值（Coeff.），线段（bar）为回归系数值的误差（error）变化范围；三列数据矩阵分别为：系数值（Coeff.），t 统计量（t–stat）和相应的 p 值（p–val）。统计参数部分包括模型截距（Intercept）、标准误差（RMSE）、拟合优度 R^2（R–square）、校正测定系数（Adj–R–sq）、F 统计量和 p 值。模型历史可查看变量选择过程中标准误差（RMSE）的变化。

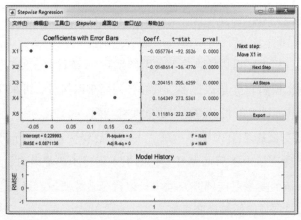

图 7–5　逐步回归交互式界面

点击窗口右边的【Next Step】按钮逐步选择变量，可以一步步显示逐步回归进程中变量的加入与剔除结果，直到变灰为止，可得到最终运行结果。All Steps 则是一次性给出最终的选择结果。Export 可将 Stepwise 函数中的结果导出至工作空间。

可以看出，第一个自变量 x_1 被引入模型。单击【Next Step】按钮，变量 x_2 加入，标准误差（RMSE）值减小，全部统计量都相应地发生了变化。连续单击四次【Next Step】按钮直至变灰，得出五个变量全部加入模型的结果（图7-6），变量全部为蓝色，表示被模型选中。

根据上面的结果，可以写出逐步回归的模型如下：

$$y=0.2211-0.0839x_1-0.0245x_2+0.0547x_3+0.0284x_4+0.0852x_5$$

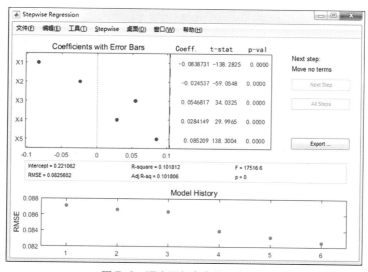

图 7-6　逐步回归命令结果分析图

可以看出，所有变量的 p 值都小于 0.05。如果想要知道 t 检验是否通过，利用 MATLAB 函数 tinv（$1-\alpha/2$，$m-n-1$），$m=772667$ 为样本个数，$n=5$ 为被选中的自变量个数，可算出显著性水平为 $\alpha=0.05$ 时，t 的临界值为 $tc=1.960$。可以看出，所有 t-stats 值大于其临界值，通过检验。

需要指出的是，逐步回归过程直观、全面，但若读者需要快速得到结果，可采用快速拟合函数 stpewisefit，命令如下：

[B，SE，Pval，Inmodel，Stats，Nextstep，History]=stepwisefit（X，Y）

其中，SE 表示参数标准误差，Pval 为回归系数的概率值 p 值，Inmodel 为一个逻辑向量，指示哪些变量被引入最终模型。Stats 为统计量，Nextstep 推荐下一步引入或者剔除的变量。如果无推荐，则数组为 0。History 为迭代计算的历史过程。通过该函数，可跳过逐步回归步骤，直接得到结果。

7.7 非线性 Logistic 回归分析

7.7.1 Logistic 回归模型

前面几节讲述的是线性回归，本节将介绍二项 Logistic 回归分析，属于非线性回归分析的一种。其特点是，因变量为二分类的非线性研究对象。

Logistic 回归分析在城市规划领域已有较为广泛的应用，如居民出行方式选择、城市灾害风险、土地利用模拟等。二项 Logistic 回归分析主要应用于二分类的城市研究对象，例如是否有内涝风险、用地是否开发、收入高或者低等。这些二分类变量作为 Logistic 模型的因变量，可以用 0 和 1 代表两种不同的状态。例如，本章案例分析武汉市主城区房价的城市建成影响因素，降房价分为高低的两种状态作为因变量，城市建成要素为自变量，可以建立二项 Logistic 回归分析模型，以定量分析各要素对房价高低的影响。

Logistic 函数表示如下：

$$f(z) = \frac{1}{1 + e^{-z}} \tag{7-7}$$

式中 z 是某些自变量 x_1、x_2、...、x_m 的线性函数，即有：

$$z = a + \sum_{j=1}^{m} b_j x_j = a + b_1 x_1 + b_2 x_2 + \cdots + b_m x_m \tag{7-8}$$

可以看出，$f(z)$ 的数值介于 0~1 之间，表示是否发生，或发生的概率；a 和 b_j 为需要标定的系数。将式（7-7）左右取对数变换后得到线性方程：

$$\ln \frac{f(z)}{1 - f(z)} = a + \sum_{j=1}^{m} b_j x_j \tag{7-9}$$

以上过程称为 Logit 变换。

7.7.2 MATLAB 实现

下面用前文的房价与城市建成要素相关性案例，来进行二项 Logistic 回归分析。以武汉市主城区房价的平均数为分界划分高低房价，当房价大于平均数时，视为高房价，赋值为 1；当房价小于平均数时，视为低房价，赋值为 0。

本节采用非线性 Logistic 回归方法进行二项 Logistic 函数的拟合。通过调用 Statistics and Machine Learning Toolbox 中的 fitnlm 函数，并自主构造二项 Logistic 函数，即可方便、快捷地利用广义最小二乘法（Generalized Least Squares，GLS）进行二项 Logistic 回归拟合，得到各自变量的回归系数，量化各城市建成要素对高房价影响。为实现 GLS 拟合，需要提供待拟合的二项 Logistic 函数和二项分布的因变量方差权重函数。

调用 fitnlm 函数进行 GLS 拟合的语法为：

nlm = fitnlm（X, Y, mymodelfun, beta, 'Weights', wfun）;

函数语句中，X 表示自变量的观测值；Y 表示因变量的观测值；mymodelfun 为自主构造的待拟合二项 Logistic 函数，beta 为初始回归系数矩阵，'Weights' 为权重函数调用链接，wfun 为构造的权重函数。在本例中，Y 为高低二分类的房价值（高、低分别标定为 1、0），X 为距离湖泊距离（C1），距离长江距离（C2），商业设施密度（C3），教育机构密度（C4），道路密度（C5）。

MATLAB 中输入的具体命令见表 7-20。

二项 Logistic 模型构造程序　　　　　　　　　表 7-20

```
load（'基础数据处理结果 .mat'）
a=mean（Y1）;
Y2=Y1                                              % 求 Y1 的平均值
Y2（Y1>a）=1;
Y2（Y1<=a）=0;
myf=@（beta,X）beta（1）+（beta（2）*X（:,1））+（beta（3）*X（:,2））+（beta（4）*X（:,
3））+（beta（5）*X（:,4））+（beta（6）*X（:,5））
mymodelfun = @（beta, X）1./（1 + exp（-myf（beta, X）））;     % 构造 Logistic 方程
X=data2;
n=1;
y=Y2;
beta=[1 1 1 1 1 1];                                % 构造初始回归系数矩阵
wfun= @（XX）n./（XX.*（1-XX））;                     % 构造二项分布权重函数
nlm = fitnlm（X, y.mymodelfun, beta, 'Weights', wfun）      % 得出回归结果

% 下面采用多项式 Logistic 回归模型实现
[m3, n3]=size（Y1）;
Y3=zeros（m3, 2）;
Y3（:, 1）=Y2;
Y3（:, 2）=1-Y2;
[BA, dev, stats} = mnrfit（X, Y3）;     %BA 查看回归系数结果，与前面构造方法结果相同
```

将上面的代码内容复制到命令窗口，运行得到统计结果，见表 7-21。

由此可以读出，C1、C2、C3、C4 和 C5 五个因素的 Logistic 回归系数分别为 -1.3946、-0.40777、-0.15713、3.2809 和 1.3627，常数项为 -0.40111。此外，模型整体以及各自变量的回归系数的 p 值均小于 0.01，即模型整体置信度显著，且各回归分析结果的置信度显著。详细结果见表 7-22。

从表中结果可知，距离湖泊距离、距离长江距离因素与高房价栅格间均具有显著的负相关关系，当距离湖泊和长江越近时，房价为高阶的可能性越大。其原因可解释为离江河湖泊越近，人居环境越优越，则房价越高。教育机构密度和道路密度与高房价具有显著的正相关关系，即教育机构分布较多，且道路交通较便利的区域，

二项 Logistic 回归分析模型运行结果　　　　　　　表 7-21

```
nlm =
Nonlinear regression model :
  y ~ F ( beta, X )

Estimated Coefficients :
        Estimate      SE         tStat      pValue
        _____    _____    _____    _____

  b1    -0.40111    0.0064499   -62.188       0
  b2    -1.3946     0.016124    -86.488       0
  b3    -0.40777    0.010534    -38.71        0
  b4    -0.15713    0.048125    -3.2651    0.0010942
  b5     3.2809     0.028471    115.24        0
  b6     1.3627     0.015989    85.224        0

Number of observations : 772667,  Error degrees of freedom : 772661
Root Mean Squared Error : 1.01
R-Squared : 0.117, Adjusted R-Squared 0.117
F-statistic vs. zero model : 1.7e+05,  p-value = 0
```

二项 Logistic 回归分析计算及检验结果　　　　　　表 7-22

变量名称	回归系数	SE	T-value	P-value
常数项	-0.40111	0.0064	-62.1883	0
距离湖泊距离（C1）	-1.3946	0.0161	-86.4882	0
距离长江距离（C2）	-0.40777	0.0105	-38.7100	0
商业设施密度（C3）	-0.15713	0.0481	-3.2651	0.001
教育机构密度（C4）	3.2809	0.0285	115.2367	0
道路密度（C5）	1.3627	0.0160	85.2239	0

房价为高阶的可能性越大。当商业设施密度越小时，周边房价高的可能性越大。这与前面线性结果相反，主要是因变量的 0、1 取值导致，且在线性规划中，该因素相关系数本就较低。其解释含义是，房价高的片区，其商业设施密度未必高。在实际科研与规划工作中，模型的参数细节需要结合研究对象特征选择，可依据实地踏勘调研、数据资料查证或多模型对比等方法，挑选出最贴近研究现状的模型展开深入研究。

对比本章不同模型的拟合结果可见，在模型整体拟合效果方面，各线性模型与二项 Logistic 模型的拟合优度均为 0.12 左右，且模型置信度均为显著，两者的整体拟合效果相近。但是，在模型自变量回归系数的求解方面，二项 Logistic 模型拟合得到的回归系数绝对值大于各线性模型的拟合结果，说明二项 Logistic 模型的解释能力更强。综合来看，二项 Logistic 模型更适用于描述城市建成要素与房价间的数理关系。

7.8　小结

本章首先介绍了使用 MATLAB 程序语言对某房产中介网站的小区信息爬取方法。其次，基于房价数据和城市空间要素的关系，介绍了 MATLAB 读取、处理栅格数据的基本方法，也是城乡规划学科与 MATLAB 软件应用的重要接口之一。MATLAB 处理得到的栅格数据矩阵形式，也可以通过 ArcGIS 的 ASCII 转换工具，在 GIS 平台下进行可视化与编辑工作。

最后，本章讲述了利用 MATLAB 的回归分析程序包开展线性回归和非线性 Logistic 分析的具体流程。以武汉市房价和城市建成要素间的相关性研究为例，阐述了各模型的计算原理及 MATLAB 中的具体实现代码。线性及非线性模型各有其优缺点和适用性，在实际科研工作中，需要依据研究对象的具体特征以及研究的需要来挑选适宜的回归分析模型。

参考文献

[1]　张学敏 . MATLAB 基础及应用 [M]. 2 版 . 北京：中国电力出版社，2014.

[2]　周明华 . MATLAB 实用教程 [M]. 杭州：浙江大学出版社，2013.

[3]　杨建强，罗先香 . MATLAB 软件工具箱简介 [J]. 水科学进展，2001（2）：237–242.

[4]　James，G.，Witten，D.，Hastie，T.，Tibshirani，R.，An introduction to statistical learning[M]. Springer，2013.

[5]　陈彦光 . 基于 MATLAB 的地理数据分析 [M]. 北京：高等教育出版社，2012.

第 8 章

SPSS 统计回归应用

    SPSS（Statistical Product and Service Solutions），即社会科学统计软件包，是目前世界上流行的三大分析软件之一，以其强大的统计分析功能、方便的用户操作界面、灵活的表格式报告及其精美的图形展现，受到了社会各界统计分析人员的喜爱。SPSS 的基本功能包括数据管理、统计分析、图表分析、输出管理等。其中，统计分析过程包括描述性统计、均值比较、相关分析、回归分析、聚类分析，常被应用于社会科学和自然科学的各个领域[1, 2]。SPSS 简单易学，大部分功能都是可视化呈现，已成为城市规划专业主流的定量分析软件之一。本章将以城市人口预测为例，介绍 SPSS 的基本功能和操作方法。

8.1　人口预测方法

    人口规模预测是指根据城市人口现状规模，结合对历史人口发展趋势以及未来影响因素的分析，按照一些假设的前提条件，以某几种预测方法为主，辅以其他方法校核，对未来某一时期的人口量进行测算，以确定城市人口规模。城市人口预测不仅是城市规划的目标，也是规划中具体技术指标和空间资源合理配置的前提和依据，因此，采用科学合理的方式对城市未来的人口规模进行预测对于城市规划有着十分重要的意义。不同的预测方法有其各自的优缺点和适应的情况，在进行城市人口规模预测时，往往需根据实际情况，通过多种不同方式的人口预测进行综合考量。

    传统的人口规模预测的常用方法包括：综合增长率法、时间序列法、增长曲线法、取工带眷系数法、剩余劳动力转移法、劳动力需求法和资源环境承载力预测法等，每种方法有其适用的情况。

（1）综合增长率法

综合增长率法是以预测基准年上溯多年的历史平均增长率为基础，预测规划目标年城市人口的方法。采用模型为：

$$P=P_0×(1+R)^n \tag{8-1}$$

式中：P 为规划年人口，P_0 为基期年人口，R 为平均综合增长率，n 为规划年与基期年之差。综合增长率为城市的自然增长率和机械增长率之和，同时根据历年统计数据进行校正。城市人口自然增长率通常为一年内人口自然增加数（出生人数减去死亡人数）与同期平均总人口数之比。城市人口机械增长率指的是一年内城市人口因迁入和迁出因素的消长，导致人口增减的绝对数量与同期该城市年平均总人口数之比。

综合增长率法主要适用于人口增长率相对稳定的城市，对于新建或发展受外部条件影响较大的城镇不适用。

（2）回归分析法

回归分析法是通过考虑影响城市人口的要素，将其与人口进行回归相关分析，从而预测规划期城市人口规模的方法。通常包括线性和非线性回归分析，其中，线性模型可表达为：

$$P_t=a+bx \tag{8-2}$$

式中：P_t 为预测目标年末城市人口规模，x 为考虑的与人口相关的自变量因子，a、b 为需要标定的参数。线性回归分析法适用于城市人口有长时间的统计，且人口数据变动平稳，直线趋势比较明显。也可根据城市人口数据趋势，采用非线性回归模型，如指数模型。本章将重点介绍如何应用 SPSS 对人口进行回归分析预测。

（3）职工带眷系数法

职工带眷系数法是根据新增就业岗位数及带眷情况预测城市人口的方法。当建设项目已经落实，规划期内人口机械增长稳定的情况下，宜按照带眷系数法计算人口发展规模。计算时应分析从业人员的来源、婚育、落户等状况以及城镇的生活环境和建设条件等因素，确定增加的从业人员及其带眷系数。采用模型为：

$$P=P_1(1+a)+P_2+P_3 \tag{8-3}$$

式中：P 为规划期末城镇人口规模，P_1 为带眷职工人数，a 为带眷系数，P_2 为单身职工人数，P_3 为规划城镇其他人口数。

职工带眷系数法主要用于新建工矿城镇，有利于确定住户居住形式，估算新建工业企业、小城镇发展规模，但不适合对已经建好的整个城市人口规模进行预测。

（4）剩余劳动力转移法

农业剩余劳动力转移是指原来从事农业活动而现在变成多余的劳动力转化为从事非农业活动劳动力的过程。针对具有剩余劳动力的小城镇，其人口规模预测可采用剩余劳动力转移法。此方法不适合对城市化水平很高的城市人口规模进行预测。采用模型为：

$$P=P_0(1+K)^n+Z[f \cdot P_1(1+k)^n-s/b] \tag{8-4}$$

式中：P 为规划期末城镇人口规模，P_0 为现状人口规模，K 为城市人口自然增长率，Z 为农村剩余劳动力进程比例，f 为农业劳动力人口占农村总人口比例，P_1 为城镇周围农村现状人口总数，k 为城镇周围农村的自然增长率，s 为农村耕地面积，b 为每个劳动力额定担负的耕地面积，n 为规划年限。

（5）劳动平衡法

劳动平衡法基本原理建立在"按一定比例分配社会劳动"、在社会经济发展计划以及相互平衡的原则基础上，由社会经济发展计划的基本人口数和劳动构成比例的平衡关系来确定。主要适用于有较大发展、人口资料比较齐全的城市，采用模型为：

$$P=P_1/[1-(\beta+\gamma)] \tag{8-5}$$

式中：P 为规划期末城镇人口规模，P_1 为规划期末基本人口，β 为服务人口的百分比，γ 为被抚养人口的百分比。这种方法是原城市规划中采用较多的方法，式中的被抚养人口百分比和服务人口百分比等不是一成不变的，而是随着国民经济的发展、劳动生产率不断提高或城市性质的演变而变化的。

（6）资源环境承载力法

资源环境承载力法适用于城市发展受到某一方面因素（土地、水等）较强限制的城市，通常包括土地承载力法和水资源承载力法。

土地承载力法主要根据建设用地潜力和有关人均用地标准预测人口规模，采用模型为：

$$P_t=L_t/l_t \tag{8-6}$$

式中：P_t 为预测目标年末人口规模，L_t 为根据土地开发潜力确定的预测目标年末城市建设用地规模，l_t 代表预测目标年宜采用的人均建设用地标准。

水资源承载力法，根据规划建设期末可供水资源总量，选取适宜的人均用水标准预测人口规模，采用模型为：

$$P_t=W_t/w_t \tag{8-7}$$

式中：W_t 为预测目标年可供水量，w_t 指预测目标年人均用水量。

以上介绍的六种人口预测方法中，除了回归分析法外，其他几种人口预测方法都较易计算。下文将重点介绍如何应用 SPSS，采用回归分析方法进行人口规模预测。

以武汉市历年人口数据、全国人口数据为基础，介绍一元线性回归、多元线性回归、常用曲线回归和 Logistic 回归预测人口的实验操作。

8.2 一元线性回归

8.2.1 散点图与趋势判定

以 2010~2017 年武汉市常住人口数据为基础，选取总常住人口指标为因变量，拟合总人口关于时间 t 的回归分析。

➢ 首先，安装 SPSS 软件，下载随书数据，在 SPSS 中打开随书数据文件夹【SPSS 人口预测】→【基础数据】→【武汉市 2010~2017 年常住人口数据】（图 8–1）。

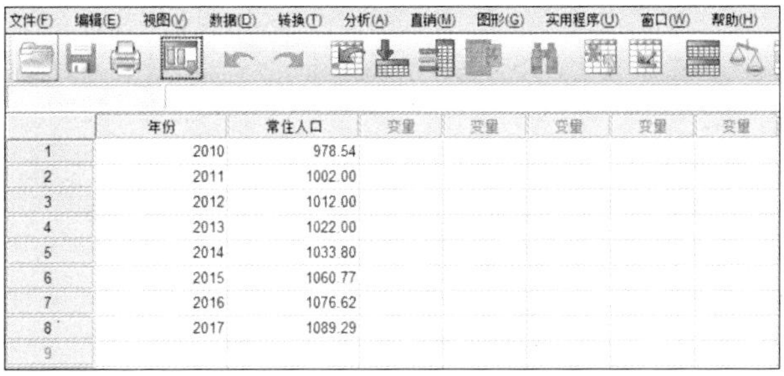

	年份	常住人口	变量	变量	变量	变量	变量
1	2010	978.54					
2	2011	1002.00					
3	2012	1012.00					
4	2013	1022.00					
5	2014	1033.80					
6	2015	1060.77					
7	2016	1076.62					
8	2017	1089.29					
9							

图 8–1 武汉市 2010~2017 年常住人口数据（单位：万人）

➢ 在菜单栏中，点击【图形】→【散点 / 点状】，在弹出的对话框中选择【简单分布】，然后点击【定义】按钮（图 8–2）。

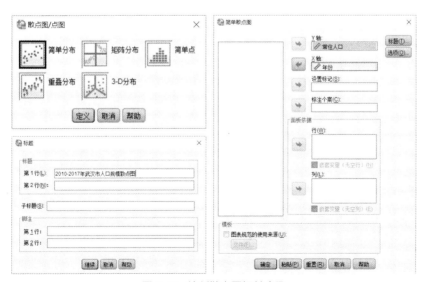

图 8–2 绘制散点图相关步骤

➢ 将"常住人口（万人）"设置为 Y 轴变量，"年份（年）"设置为 X 轴变量，点击【标题】，在标题栏中输入"2010~2017年武汉市人口规模散点图"，点击【确定】，得到武汉市2010~2017年人口规模的散点图（图8-3）。

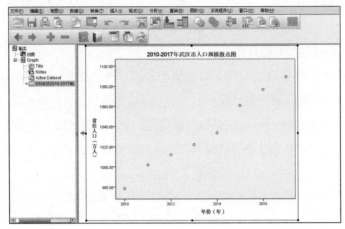

图8-3　武汉市2010~2017年人口规模的散点图结果

➢ 由图8-3可知，武汉市总常住人口与时间呈线性分布，可以采用线性回归进行趋势预测。

8.2.2　线性模型回归拟合

➢ 在查看器中双击【Graph】中生成的散点图，打开图表编辑器。

➢ 点击添加趋势线，得出线性拟合模型为 $y=-3.03E4+15.55x$，且 $R^2=0.985$，即两者之间存在较为明显的线性关系，且拟合优度较高（图8-4）。

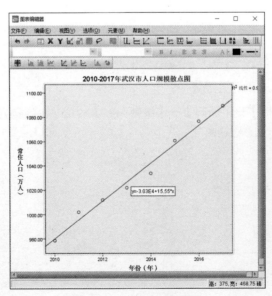

图8-4　一元线性拟合结果

➤ 综上得到武汉市常住人口与时间的线性回归模型为：

$$P_t=b_1 \times Y_t+b_0=15.55Y_t-30300 \qquad (8-8)$$

式中：P_t 为第 t 年的总人口，b_0、b_1 为回归系数，Y_t 为第 t 年的年份。

8.3　多元线性回归

通过探索人口与其他多种要素之间的定量关系，可以更加切实地预测出未来不同阶段的人口。根据武汉市统计年鉴收集如下人口与社会经济相关数据（表 8-1），应用多元回归分析方法进行人口趋势拟合。

武汉市 2010~2017 年人口与社会经济相关数据　　　　表 8-1

年份（年）	常住人口（万人）	城镇人口占比（%）	人均 GDP（元）	自然增长率（%）	净迁移率（%）
2010	978	64.7	58961	1.59	−3.19
2011	1002	66.1	68315	2.07	−5.93
2012	1012	67.5	79482	5.18	−4.58
2013	1022	67.6	89000	6.3	−3.06
2014	1034	67.6	98000	7.25	0.04
2015	1061	70.6	104132	6.95	−1.78
2016	1077	71.7	111469	6.03	−0.29
2017	1089	72.6	123831	3.96	19.78

具体步骤如下。

➤ 首先，在 SPSS 中打开随书数据【SPSS 人口预测】→【基础数据】→【武汉市 2010~2017 年人口及相关经济指标】。

➤ 点击【分析】→【回归】→【线性回归】，打开线性回归选项框，选择因变量为常住人口，将年份、城镇人口占比、人均 GDP、自然增长率、净迁移率设置为自变量，如图 8-5 所示。

➤ 在【Statistics】选项框中，勾选【Regression Coefficients（回归系数）】选项组中的【Estimates（估计）】；勾选【Residuals（残差）】选项组中的【Durbin-Watson】；接着选择【Model fit】、【Part and partial correlations（部分与偏相关）】和【Collinearity diagnostics（共线性诊断）】，点击【继续】，会得出包含回归结果的系列表格。

图 8-5　设置回归参数

➤ 在【变量取舍表】中，可查看模型输入和剔除的变量，本例中所有变量都输入。

➤ 在【模型摘要表】中，可读到调整后系数 R^2=0.999，DW=2.615（接近于 2，通过检验）。方差分析表中可以看出，模型 F 的统计量的观察值为 499.731，显著性为 0.000，在显著性水平为 0.05 的情形下，可以认为常住人口与选取的影响因子有线性关系。

在【系数表】中，如图 8-6 所示，可以读到各个回归系数：a=-11287.729，b_1=5.958，b_2=3.588，b_3=0.001，b_4=-3.243，b_5=-0.889，以及相应的 T 值、显著性和 VIF 值等，其对应的指标含义分析方法与第 7 章相同，在此不再赘述。据此可以建立本案例的多元回归模型：

$$y=5.958x_1+3.588x_2+0.001x_3-3.243x_4-0.889x_5-11287.729 \qquad (8-9)$$

式中：y 代表总常住人口；x_1、x_2、x_3、x_4、x_5 分别代表年份、城镇人口占比、人均 GDP、人口自然增长率和人口净迁移率。

系数 ᵃ

模型	非标准化系数		标准化系数	T	显著性	共线性统计资料	
	B	标准错误	Beta			允差	VIF
1 （常数）	-11287.729	19249.938		-.586	.617		
年份（年）	5.958	9.621	.380	.619	.599	.001	733.068
城镇人口占比（%）	3.588	1.719	.260	2.088	.172	.033	30.220
人均 GDP（元）	.001	.001	.602	.833	.492	.001	1015.416
自然增长率（%）	-3.243	1.824	-.183	-1.777	.217	.048	20.635
净迁移率（%）	-.889	.514	-.190	-1.731	.226	.043	23.378

a. 应变数＼：常住人口（万人）

图 8-6　系数表截图示意

8.4 常用曲线回归

8.4.1 散点图与趋势判定

以 1978~2017 年武汉市常住人口数据为基础，选取总常住人口指标为因变量，拟合总人口关于时间 t 的趋势曲线。

➤ 在菜单栏中，点击【图形】→【散点/点状】，在弹出的对话框中选择【简单分布】，然后点击【定义】按钮。

➤ 将"常住人口（万人）"设置为 Y 轴变量，"年份（t）"设置为 X 轴变量，点击【标题】，在标题栏中输入"1978~2017 年武汉市人口规模散点图"，点击【确定】，得到武汉市 1978~2017 年人口规模的散点图。

➤ 由散点图 8-7 可知，其分布趋势不符合线性关系，尝试用非线性模型进行拟合。

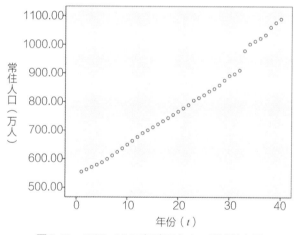

图 8-7　1978~2017 年武汉市人口规模散点图

8.4.2 常用曲线模型回归拟合

➤ 在菜单栏中，点击【分析】→【回归】→【曲线估计】路径，打开【曲线估计】选项框，设置【常住人口数】为因变量，【年份 t】（以 1978 年为基准年的年份编号）为自变量，在【模型】中依次选择【二次项】、【立方】、【指数分布】、【对数】、【幂】、【Logistic】，并选择【Display ANOVA table（显示方差分析表）】，分别进行二次方函数、立方函数、指数函数、对数函数和 Logistic 函数的模型拟合，如图 8-8、图 8-9 所示。

➤ 执行每次模拟时，在【保存】选项框，选中【预测值】和【残差】，点击【继续】和【确定】，得到各类型曲线模型的分析结果。

图 8-8　主菜单中"曲线估计"的设置项

图 8-9　"曲线估计"的有关设置项

（1）二次函数模型模拟结果

查看【模型摘要表】、【系数表】等输出结果，可以确定测定系数 $R^2=0.993$，点列与拟合曲线的匹配效果较好（图 8-10）。检查各项统计参数通过检验，读取拟合的二次函数模型为：

$$P_t=554.644+7.409t+0.148t^2 \tag{8-10}$$

式中：t 为年份，P_t 为第 t 年的总人口。

（2）立方函数模型模拟结果

同样，得出立方函数模拟结果，其测定系数 $R^2=0.996$，检查拟合优度等统计量，通过检验，读取拟合的立方函数模型为：

$$P_t=531.895+13.683t-0.23t^2+0.006t^3 \tag{8-11}$$

式中：t 为年份，P_t 为第 t 年的总人口（图 8-11）。

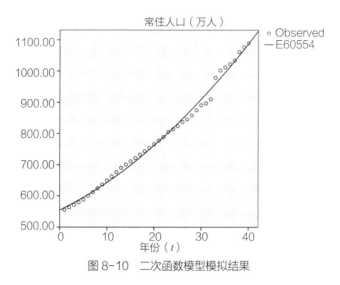

图 8-10　二次函数模型模拟结果

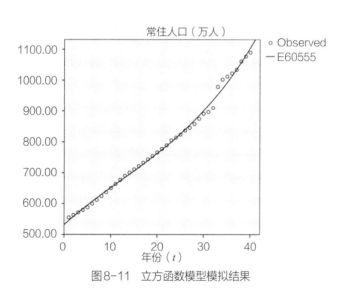

图 8-11　立方函数模型模拟结果

（3）指数函数模型模拟结果

类似地，得出指数函数模拟测定系数 R^2=0.995，各项统计参数通过检验，拟合的指数模型为：

$$P_t=543.851e^{0.017t} \tag{8-12}$$

式中：t 为年份，P_t 为第 t 年的总人口（图 8-12）。

（4）对数函数模型模拟结果

如图 8-13 所示，从输出结果可以看到，测定系数 R^2=0.761，拟合的对数模型为：

$$P_t=350.234+158.873\ln t \tag{8-13}$$

式中：t 为年份，P_t 为第 t 年的总人口。

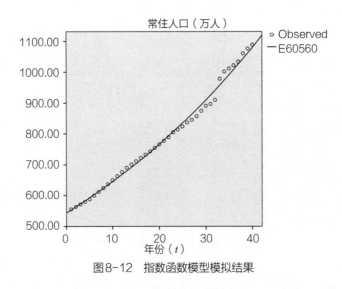

图8-12　指数函数模型模拟结果

可以看出，对数函数曲线与点列的匹配效果较差，各项参数显示模型拟合优度不高,可知对数函数模型不适用于武汉市常住人口发展趋势的模拟和预测（图8-13）。

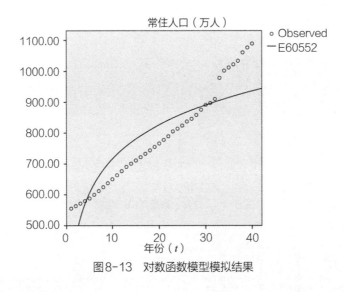

图8-13　对数函数模型模拟结果

（5）幂函数模型模拟结果

如图8-14所示，幂函数模型测定系数 $R^2=0.828$，拟合的幂函数模型为：

$$P_t=433.882t^{0.209} \qquad (8-14)$$

式中：t 为年份，P_t 为第 t 年的总人口。

可以看出，幂函数曲线走向与点列的发展趋势相背，各项参数显示模型对于数据的拟合优度不高，可知幂函数模型也不适用于武汉市常住人口发展趋势的模拟和预测（图8-14）。

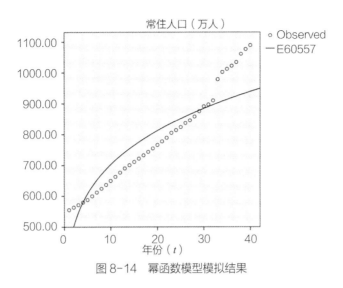

图 8-14　幂函数模型模拟结果

综合以上各类曲线函数模型的回归结果可知，二次函数、立方函数和指数函数模型对武汉市常住人口发展趋势的拟合程度较好，其中，以立方函数模型的拟合优度最高。

8.5　Logistic 回归

Logistic 阻滞增长模型，其目的是模拟资源制约的情况下种群的增长规律，即随着种群数量的增大，阻滞作用逐步增大，当种群数量趋于上限时，种群增长亦趋于稳定。亦常应用于城市人口预测，且对中短期时间预测较为精准。本节以我国 1949~2018 年人口数据作为基础（见随书数据），进行 Logistic 模型模拟示例。

8.5.1　散点图与线性趋势判定

➤ 首先，在 SPSS 中打开随书数据【SPSS 人口预测】→【基础数据】→【我国 1949~2018 年人口数据】。

➤ 在菜单栏中，点击【图形】→【散点 / 点状】，在弹出的对话框中选择【简单分布】，然后点击【定义】按钮。

➤ 将 "年末总人口（万人）" 设置为 Y 轴变量，"年份（t）" 设置为 X 轴变量，点击【标题】，在标题栏中输入 "我国 1949~2018 年人口数据散点图"，点击【确定】，得到我国 1949~2018 年人口规模的散点图，如图 8-15 所示。

由散点图可知，人口的增长呈现逐渐平缓的趋势，比较符合 Logistic 模型线型，因此尝试使用 Logistic 函数模型对我国人口发展趋势进行模拟。

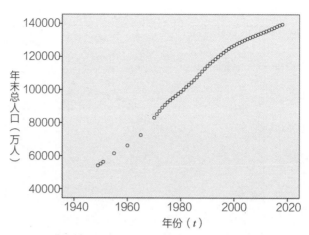

图8-15　我国1949~2018年人口数据散点图

8.5.2　Logistic 模型回归拟合

标准的 Logistic 阻滞增长模型表达式为

$$y = \frac{u}{1+ve^{-kt}} \qquad (8\text{-}15)$$

式中：k 为相对增长率，u 为饱和值，v 为参数，t 为变量。将上式变形为

$$y = \frac{1}{\frac{1}{u}+\frac{v}{u}e^{-kt}} = \frac{1}{a+b_1 \times b_2^t} \qquad (8\text{-}16)$$

式中：$a = \frac{1}{u}$，$b_1 = \frac{v}{u}$，$b_2 = e^{-k}$，改变表示形式以便于在 SPSS 里解读回归结果。

➤　在菜单栏中，点击【分析】→【回归】→【曲线估计】路径，打开【曲线估计】选项框，设置【年末人口数】为因变量，【年份】（以 1978 年为基准年的年份编号）为自变量，在【模型】中选择【Logistic】，并选择【Display ANOVA table（显示方差分析表）】。

➤　选中 Logistic 时，【上限（upper bound）】选项空白栏将被激活，这里要求给出模型的饱和参数，即式中的 u 值。Logistic 模型拟合的关键技术就是饱和参数的设置。通过饱和参数的设置进行适当的定性分析。由前文散点图可知，我国近几年人口发展趋于平缓，在此假设人口的饱和值为 150000 万人，进行 Logistic 回归。

类似地，从输出结果图 8-16 可知，测定系数 R^2=0.996，点列与拟合曲线的匹配效果较好，拟合优度等统计量通过检验，可知 Logistic 函数模型对我国人口发展趋势较为吻合，读取拟合的 Logistic 函数模型为：

$$P_t = \frac{1}{\frac{1}{150000}+(8.463\text{E}+34)\times 0.954^t} \qquad (8\text{-}17)$$

式中：t 为年份，P_t 为第 t 年的总人口。

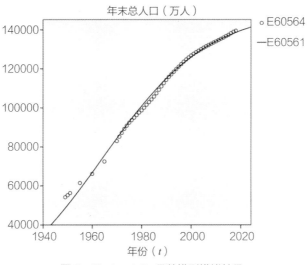

图 8-16　Logistic 函数模型模拟结果

我国人口发展的饱和值究竟取多大为好，需要做更多的研究才能决定，以上只是说明 Logistic 模型拟合的基本方法。但需要注意的是，在拟合 Logistic 曲线时，饱和值即增长的上限一定要选择一个适当的数值，不可空缺。如果这个选项缺省，系统将默认饱和值为无穷大，虽然此时也会给出一个结果，但这个结果接近于指数模型，而不再是 Logistic 模型了。

8.6　小结

本章主要介绍了采用 SPSS 进行人口预测的几种常见方法，主要模型包括一元线性回归、多元线性回归、常用曲线回归和 Logistic 回归。由于数据具有自身的趋势特性，在实际进行人口规模预测工作时，应当根据特定城市人口的发展特性，选择相适应的模型进行拟合、预测。

参考文献

[1]　陈彦光 . 基于 SPSS 的地理数据分析 [M]. 北京：科学出版社，2008.

[2]　薛薇 . SPSS 统计分析方法及应用 [M]. 4 版 . 北京：电子工业出版社，2017.

第 9 章

Python 在城市规划
中的应用

Python 作为一种高级程序设计语言，凭借其简洁、易读及可扩展性日渐成为程序设计领域备受欢迎的语言，已广泛应用于 Web 和 Internet 开发、科学计算、人工智能等领域。Python 的设计哲学是"优雅""明确""简单"，开发者主张"用一种方法，最好是只有一种方法来做一件事"。因此，Python 具有很好的可读性，并且能够支撑大规模的软件开发。

空间分析软件 ArcGIS 中有相应的 Python 扩展包——ArcPy。面向 ArcGIS 的 Python 编程可以开发专属工具，提高 ArcGIS 的数据处理效率和分析能力，更好地实现 ArcGIS 的内部任务自动化[1]。同时，将 Python 与 MATLAB 结合，可以简单、高效地量化分析复杂的城市规划问题。

9.1　基于 Python 的 ArcGIS 空间模型构建

下面将基于本章随书数据介绍手动裁剪、代码裁剪和批量裁剪的案例，介绍基于 Python 的 ArcGIS 空间建模方法。该案例需要裁剪出武汉市主城区范围的轨道交通站点，输入数据包括交通站点和主城区两个。

（1）手动裁剪方法

打开 ArcMap 软件，点击【工具箱】→【系统工具箱】→【Analysis Tools】→【提取分析】→【裁剪】。双击此工具，在弹出对话框中进行参数设置。输入图层选中"武汉_轨道交通站点"，裁剪图层选中"main_city"，裁剪输出为主城区范围的轨道交通站点。运行后将输出结果图层添加到地图中，即可输出主城区范围的轨道交通站点（图 9-1）。

图 9-1　裁剪工具位置及对话框

（2）代码裁剪方法

除上面介绍的双击按要求输入数据外，还可以通过 ArcPy 代码实现。下面将介绍使用 ArcPy 完成裁剪任务。

打开 ArcMap 软件，点击【工具箱】→【系统工具箱】→【Analysis Tools】→【提取分析】→【裁剪】。

双击此工具，在弹出的工具窗口点击右下角的【工具帮助】按钮，点击该按钮后，打开软件的帮助文档并定位到了此工具 define projection 对应的页面，往下拉动滚动条，定位到此工具的 Python 脚本的内容，可以观察该脚本，裁剪 API 命令如下：

acrpy.Clip_analysis（in_features，clip_features，out_feature_class，{cluster_tolerance}）其中，in_features 为输入要素，即被裁剪对象；clip_features 为裁剪要素，即需要裁剪的范围；out_feature_class 为输出要素；{cluster_tolerance} 为 XY 容差。

下面打开 ArcMap 软件，点击如图 9-2 所示 Python 编译图标，并按照图 9-3 输入【裁剪】工具代码，双击运行后，即完成代码裁剪，输出结果与手动裁剪方法一致。

图 9-2　Python 编译器位置

```
Python
>>> import arcpy
>>> arcpy.env.overwriteOutput = True
>>> arcpy.Clip_analysis("武汉_轨道交通站点","main_city",r'D:\实
验数据\提高篇\Python在城市规划中的应用\轨交_clip2.shp')
>>>
```

图 9-3　代码输入【裁剪】命令

（3）采用 Python 代码创建 ToolBox

在使用 ArcGIS 的工具时，时常会出现满足不了用户需求的情况，比如批量处理。此时可以采用 Python 代码编制程序，并将代码导入到 ToolBox 中，以方便使用、提高效率。本部分以批量裁剪武汉市主城区范围内的轨道交通站点、商业用地和城市道路为例。其中，批量输入的为这三个被裁减数据。

ArcGIS 中的自定义工具在任意环境均可开发脚本和调试。通常，为了使脚本开发调试简便且不易出错，可以先在 ArcGIS 自带的 Python 窗口中使用 ArcPy 进行交互代码编写和调试，然后将代码导出，在集成式开发环境中，调整优化代码。主要的集成开发环境有 PyCharm、Visual Studio、Jupyter Notebook 等。

使用的 ArcPy 中自定义工具基本 API 有以下几种：

1）覆盖输出：arcpy.env.overwriteOutput = True；

2）获取批处理的要素列表：

in_features = arcpy.GetParameterAsText（0）; features = in_features.split（"；"）;

3）目录合并：os.path.join（out_workspace，f + "_clip"）;

4）反馈消息：arcpy.AddMessage（"Out" + out_f）。

本案例批量裁剪工具所需的输入和输出参数见表 9-1。

批量裁剪工具参数　　　　　　　　　　表 9-1

序号	参数名称	数据类型	方向	多值	参数说明
0	in_features	FeatureLayer	in	yes	输入要素列表，即待裁剪的三个数据
1	clip_features	FeatureLayer	in	no	裁剪范围，武汉市主城区
2	out_workspace	Workspce or Feature Dataset	in	no	输出工作空间

基于以上参数，采用 for 循环等语句，写出批量裁剪的代码见表 9-2。

批量裁剪代码　　　　　　　　　　表 9-2

```
import arcpy
import os

arcpy.env.overwriteOutput = True
in_features = arcpy.GetParameterAsText（0）
clip_features = arcpy.GetParameterAsText（1）
out_workspace = arcpy.GetParameterAsText（2）

features = in_features.split（"；"）
for f in features :
        out_f = os.path.join（out_workspace，f + "_clip"）
        arcpy.Clip_analysis（f，clip_features，out_f）
        arcpy.AddMessage（"Out" + out_f）
```

　　将以上代码的 Python 文件另存，并创建批量裁剪自定义工具。右键 Arcmap【默认工具目录】中的【Toolbox】，选择【添加】→【脚本】，出现添加脚本对话框。在添加脚本对话框中，填写脚本工具的名称、标签与描述，点击【下一步】。在脚本文件中选择上文批量裁剪代码的 Python 文件，点击【下一步】。添加脚本工具中的三个参数名称，并按照表 9-1 选择各参数所对应的数据类型及参数属性，点击【完成】。具体步骤如图 9-4、图 9-5 所示。

图 9-4　工具箱添加脚本对话框

图 9-5　添加脚本文件与设置

　　双击 Toolbox 中的【批量裁剪】工具，将想要被裁减的图层放入 in_features，用 clip_features 中的图层裁剪，输出结果保存在 out_workspace 所选的文件夹中，如图 9-6 所示，点击【确定】运行，即可得到批量处理结果，如图 9-7 所示。

图 9-6 【批量裁剪】工具位置及参数调整

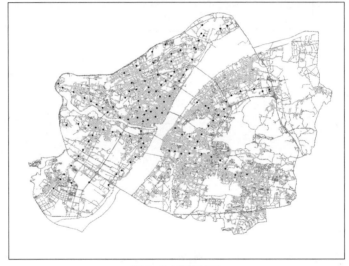

图 9-7 最终结果

9.2 Python/MATLAB 街景数据读取与分析

9.2.1 街景数据简介

传统的城市街道空间认识主要基于实地调研，而大规模的调研往往面临着高昂的成本和难以统一的标准等问题。在这种背景下，由地图服务商（例如百度、高德等）采集的城市街景大数据成为认识城市的重要手段之一。区别于传统的实地调研，街景数据可以更快捷、高效和低成本地认识城市街道空间，且更为系统、科学。基于街景数据的街道空间研究具有其独特的优势。在本节中，将简单介绍基于百度地图的街景数据，提取城市街道空间的"绿视率"的案例。

主要分为三个步骤：首先，使用 Python 编写爬虫，通过百度地图的"全景静态图 API"，获取城市中特定街道点位的街景图片数据。其次，使用 Segnet 算法对图片进行语义分割，提取出图片中绿色植物的比例。最后，使用 ArcGIS 对绿视率的空间分布进行可视化。

9.2.2 实验步骤

步骤 1：获取目标区域的街景数据

首先，本案例街景数据在百度的"全景静态图 API"中获取。所研究区域空间对象（例如某个公园）的坐标信息、街景获取的角度、方向，是百度地图的街景数据 API 提取的输入要素。其次，坐标信息获取方法：在确认 ArcGIS 坐标系与百度"全景静态图"的坐标一致后，在 ArcGIS 中，通过编辑添加需要获取街景点位置的点要素，得到其坐标，并将含有坐标的属性表导出为 dbf 文件，在 Excel 中查看。最后，确定街景的获取角度和获取方向：不同角度的全景静态图反应不同的视角，其中 150° 的全景静态图最接近人视，可考虑选取该角度。

以百度全景静态图为例，在百度地图开放平台中，只需要设置图片尺寸、经纬度坐标等参数，发送 HTTP 请求访问百度地图全景静态图服务，便可下载得到全景静态图。申请个人密钥（Ak，API key）后，输入格式为"网址"+"密钥AK"+"长宽"+"地址"+"视角"，可得到全景静态图。通过循环语句在 Python 中对这个过程进行重复，获取大量的街景图，具体代码见表 9-3。

使用 Python 获取对应坐标的百度街景并保存　　　表 9-3

```
def getFileName（url）:
    start = re.search（'&location=', url）.span（）[1]
    end = re.search（'&fov=', url）.span（）[0]
    location = url[start : end].replace（',', '_'）
    if not os.path.exists（'imgs1/'）:
        os.mkdir（'imgs1/'）
    fileName= 'imgs1/img'+location+'.jpg'
    return fileName
def readLocationFromTxt（textName）:
    urls = [ ]
    nameHolders = [ ]
    with open（textName, 'r'）as f :
        for line in f.readlines（）:
            line = line.strip（）.split（','）
            nameHolders.append（line[0]）
            url = #find this yourself #
            urls.append（url）
    return nameHolders, urls
textName = 'Trans_xy.txt'
```

续表

```
headers = {'content−type' : 'application/json',
           'User−Agent' : 'Mozilla/5.0（X11；Ubuntu；Linux x86_64；rv：22.0）Gecko/20100101
Firefox/22.0'}
nameHolders，urls = readLocationFromTxt（textName）
length = len（urls）
failedNum = 0
for index，url in zip（nameHolders，urls）:
    fileName = getFileName（url）
    response = requests.get（url，headers=headers）
    if response.status_code == 200 :
        print（"finished."）
    else :
        print（"failed."）
    img = response.content
    name = 'imgs1/' + index +'_1'+ '.jpg'
    with open（name，'wb'）as f:
        f.write（img）
if failedNum >0 :
    print（"{}/{} failed.FileName : {}".format（failedNum，length，fileName））
else :
    print（"{}/{} finished.".format（length，length））
```

步骤 2：使用 Segnet 进行语义分割并统计要素比例

步骤 1 完成后，将获取大量类似图 9-8 中的街景图片。免费获取的全景静态图都有百度地图的官方水印，如果需要无水印的高清街景图，则需要依赖商业途径。在获取了街景图后，需要对图中的要素进行分割，即提取图中属于天空、道路、绿地的要素。采用深度卷积神经网络的 Segnet 算法就是一个典型的可以完成语义分割任务的算法，该算法可以在多个平台中实现,例如 Segnet 官方实验室给出的实验平台，https：//mi.eng.cam.ac.uk/projects/segnet/。在该网站中，输入一张图片，便可以获得

图 9-8　不同视角全景静态图（街景图）示例

其经过语义分割后的结果。若数据较多，任务量较大，则建议在 Python 或 MATLAB 编辑语义分割程序循环批处理（可参考本书随书代码）。

　　将分割后的图片在 MATLAB 中，采用 imread 函数进行要素读取统计，便可以获得每个点位的各类街景要素栅格的数量。通过计算绿色植物的栅格数量除以所有要素的栅格数量，得到"绿视率"。使用 MATLAB 进行要素统计的代码见表 9-4。

使用 MATLAB 对分割的街景图统计绿视率　　　　　　表 9-4

```
imgPath = 'your path' ;
imgDir  = dir（[imgPath '*.png']）;
for i = 1 : length（imgDir）
    rgbImage = imread（[imgPath imgDir（i）.name]）;
    Tree = rgbImage（:,:,1）== 128 & rgbImage（:,:,2）== 128 & rgbImage（:,:,3）== 0 ;
    numTree = sum（sum（Tree））
    Greenery = numTree/172800
fid = fopen（'your path for txt', 'a'）;
    fprintf（fid, '%d %f %f', i, OpenIndex, Greenery）;
    fprintf（fid, '\r\n'）;
    fclose（fid）;
end
```

步骤 3：对绿视率在城市空间的分布进行统计

　　通过上面步骤获得的点坐标、绿视率数据，采用表格连接工具，可将绿视率导入 ArcGIS 中，采用符号分类，进行可视化。可采用"渔网"工具生成 500m × 500m 的网格，并将点数据与渔网相交。获得每个网格中的平均绿视率。进一步，对网格进行可视化，得到结果（图 9-9）。

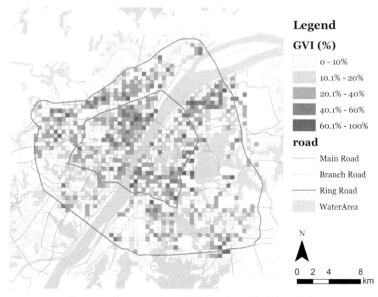

图 9-9　使用 ArcGIS 对绿视率（GVI）进行可视化

9.3　小结

　　本章介绍了采用获取百度街景图片的方法，并通过语义分析提取绿色植物，进而在 MATLAB 中计算绿视率，并在 ArcGIS 中进行了可视化显示。在未来的城市规划实践和城市研究中，图像数据将扮演越来越重要的位置。多源图像数据为科学的规划提供了更充分、更全面支撑，但较高的获取和处理难度却给规划学者带来了壁垒。掌握基本的图像获取、处理和统计技术，有助于规划学者更好地掌握科学定量分析方法。

参考文献

[1]　Paul A. Zandbergen. 面向 ArcGIS 的 Python 脚本编程 [M]. 李明臣，刘昱君，陶旸，张磊，译. 北京：人民邮电出版社，2014.

应用篇

第 10 章

多类用地适宜性
评价及其应用

　　如何更科学合理地配置城市用地一直是规划学者致力研究的问题。传统的用地适宜性评价侧重于反映土地对于工程项目实施的可能性和适宜开发强度，将用地划分为"禁建区、限建区、适建区和已建区"四种类型，难以为城市用地的功能安排提供进一步指引。本章将介绍城市多类功能用地的适宜性分析方法。基于用地开发适宜性的竞争关系，介绍用地整体复合适宜度概念。较传统以分区管控为主导的用地评价更为细化和深入，可促进城市土地资源优化。

10.1　基本介绍

　　如何更科学合理地配置城市用地一直是规划学者致力研究的问题。学者运用许多类型的模型和方法，其中结合 GIS 的多准则评价（MCE）方法是当前城乡规划领域中土地适宜性分析的主流方法 [1, 2]。大多数学者侧重于根据不同的研究视角构建相应的评价体系，如生态环境、可持续发展等，而对于评定结果的处理方式上依旧以传统基于适建性的"四区划分"为主 [3, 4]。也有一些学者聚焦于特定单类型类用地的适宜性评价，主要以研究工业用地和居住用地为主，一定程度上提升了评价对于特定建设用地的针对性，为多类土地用途的选择和政策干预下的用地配置提出了新的研究思路 [5, 6]。

　　本文根据各类城市建设用地类型的特点，有针对性地构建不同的适宜性评价体系，提出用地整体复合适宜度概念。本章研究框架如图 10-1 所示。

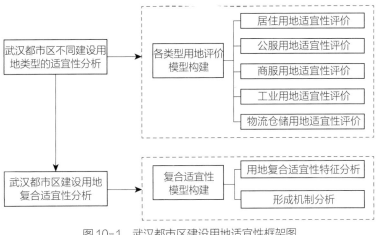

图 10-1 武汉都市区建设用地适宜性框架图

10.2 研究区域及数据

选取武汉都市区作为研究范围，包括主城区和东部、北部、西部、西南、南部、东南六个新城组群，总面积 3261 平方公里。主城区是武汉市的政治、经济和文化中心，六个新城组群是城市空间拓展的重点区域，共同构成了武汉都市区"1+6"空间结构（图 10-2），其中主城区和各个新城组群又可分为不同的组团。武汉都市区地处江汉平原，南部和东部为低山丘陵，中部多为平原，地势较为平坦，地质条件良好。长江、汉水纵贯，东湖、梁子湖等众多湖泊水体分布其中，自然和生态资源丰富。

数据主要包括：2010 年武汉市都市发展区土地利用数据，由武汉市的 Landsat TM 和 SPOT 遥感影像融合后解译获得；30m 分辨率的武汉市 DEM 数据，由地理空

图 10-2 都市区 1+6 空间结构图

间数据云网站下载并裁剪后获得；武汉市地铁线路及站点数据，由中国交通地图集矢量化获得。

采用栅格法划分适宜性评价单元，即以适宜大小的网格构建覆盖评价研究区域的单元体系，每个单元格都包含多种土地信息和因素，反映土地的综合属性。考虑到每个土地单元自然、经济和社会属性因素的一致性和差异性，同时为保证数据及评价结果的精确度，将研究区域划分为 50m × 50m 的网格体系，以每一个单元格作为适宜性评价的显示单元。

10.3 不同建设用地类型的适宜性评价模型构建

根据《城市用地分类与规划建设用地标准》中划定的城市建设用地八大类别，选取居住用地（R）、公共管理与公共服务设施用地（A）、商业服务业设施用地（B）、工业用地（M）和物流仓储用地（W）五种建设用地类型分别进行适宜性评价。遵循科学、适用和可量化的指标选取原则，根据武汉都市区土地的自然经济属性以及各类型用地的适宜建设要求，选择最具代表性的评价因素构建各类建设用地的适宜性评价指标体系，详见表 10-1。

设置自然地理条件和现状用地功能两类作为用地适宜性评价的共性因素。其中自然地理条件决定了土地的适宜建设性，包括坡度、高程、坡向等具体指标；而现状用地功能则影响土地开发的经济性，决定着开发投资和建设周期。设置配套服务设施、交通便捷度、生态环境三类差异性要素来反映不同类型的用地在进行布局时对土地自身条件和周围环境条件存在的不同要求。

居住用地配置，需考虑与城市功能组织相关的因素如城市交通组织、商服便利性，以及生活环境质量。选取自然地理条件、现状用地功能、配套服务设施、交通便捷度、生态环境五个指标层进行居住用地的适宜性评价，主要侧重于对土地坡度和朝向、周边住区的影响、距离教育和医疗设施的远近、距离公交站点的远近和生态环境质量等因素的考量。

商服用地主要承载城市的经济活动，土地收益情况是需要首要考虑的问题，因此对交通便捷度、人流量以及周边环境质量都提出了较高的要求。公服用地作为服务性质的用地，对于人口密度、交通可达性和绿化环境等因素要求较高。

影响工业和物流用地适宜性的因素最主要有两方面：现状用地分布和交通便捷度。因为工业用地需要运输原料及工业产品，物流仓储最重要的功能是储存和运输，对城市交通通达度均有很高要求，因此，区位和交通条件是评价两类用地适宜性最重要的两个因素（表 10-1）。

适应性评价影响因素表　　　　　　　　　表 10-1

评价因素		居住用地（R）	公服用地（A）	商服用地（B）	工业用地（M）	物流仓储用地（W）
地形地貌	坡度	√	√	√	√	√
	高程	√	√	√	√	√
	坡向	√	√	√	√	√
现状建设用地	居住用地	√				
	公服用地		√			
	商服用地			√		
	工业用地				√	
	物流仓储用地					√
服务设施	学校	√				
	医院	√				
	行政中心		√			
	商业商务中心	√		√		
交通便捷度	城市主要道路	√	√	√	√	√
	公交／地铁站点	√	√	√		
	高速出入口				√	√
	国道				√	√
	机场	√				
生态环境	河流湖泊	√	√	√		
	公园绿地	√	√	√		

对各类建设用地的适宜性评价分为三个步骤：首先，运用 ArcGIS 的空间分析工具对单因子进行欧氏距离分析，得到各个单因子的影响分析结果；其次，在 Yaahp 软件中建立各类建设用地的适宜性评价模型，通过两两比较确定各类用地的影响因子的重要性程度，并通过层次分析法的矩阵计算得到各个单因子的权重值；最后，按照权重值将各个单因子的分析结果进行加权叠加得到各类建设用地的适宜性评价结果。

10.4　用地类型的适宜性评价结果

10.4.1　居住用地适宜性评价

根据居住用地适宜性评价准则选取具体的评价指标，对 12 类指标按照 1~9 进行适宜度分级，构建居住用地适宜性评价指标体系，见表 10-2。运用 Yaahp 软件计算得到各指标的权重，见表10-3。对各因子进行欧氏距离分析，按权重叠加得到居住用地适宜性评价结果，如图10-3所示。

居住用地适宜性评价指标体系表　　　　表10-2

评价因素	评价因子	适宜性分级								
		1	2	3	4	5	6	7	8	9
自然环境因素	坡度/%	>25	20~25	15~20	12~15	9~12	7~9	5~7	3~5	<3
	高程/m	>80	70~80	60~70	50~60	40~50	30~40	20~30	12~20	<12
	坡向	N	WN	EN	W	E	WS	ES	S	P
社会环境因素	距已建成居民点距离/km	>5	4~5	3.5~4	3~3.5	2.5~3	2~2.5	1.5~2	1~1.5	<1
	距学校距离/km	>5	4.5~5	4~4.5	3.5~4	3~3.5	2.5~3	2~2.5	1.5~2	<1.5
	距商业中心距离/km	>8	7~8	6~7	5~6	4.5~5	4~4.5	3.5~4	3~3.5	<3
	距医院距离/km	<0.15,>10	8~10	6~8	5~6	4.5~5	4~4.5	3.5~4	3~3.5	<3
	距机场距离/km	<10,>50	45~50	40~45	35~40	30~35	25~30	20~25	15~20	10~15
	距地铁站距离/km	<0.1,>5	3.5~5	3~3.5	2.5~3	2~2.5	1.5~2	0.8~1.5	0.5~0.8	0.1~0.5
	距工业仓储用地距离/km	<0.5,>15	12~15	10~12	0.9~10	0.8~0.9	0.7~0.8	0.6~0.7	0.5~0.6	<0.5
生态环境因素	距河流/湖泊距离/km	<0.2,>5	4~5	3.5~4	3~3.5	2.5~3	2~2.5	1.5~2	1~1.5	<1
	距公园绿地距离/km	>3	2.5~3	2~2.5	1.8~2	1.6~1.8	1.4~1.6	1.2~1.4	1~1.2	<1

注：1—适宜性等级低，表示最不适宜；9—适宜性等级高，表示最适宜。

居住用地适宜性评价因子权重表　　　　表10-3

评价因素	权重	子因素	权重
自然因素	0.0286	坡度	0.0086
		高程	0.0086
		坡向	0.0114
社会因素	0.8066	现状居民点	0.2109
		学校	0.1814
		医院	0.0736

续表

评价因素	权重	子因素	权重
生态因素	0.1648	商业用地	0.1032
		地铁站点	0.1877
		机场	0.0289
		工业仓储用地	0.0209
		河流湖泊景观	0.0507
		公园绿地	0.1140

由图 10-3 可知，从总体布局上看，武汉都市区的居住用地适宜性呈现由主城区向四周新城组群放射性递减的趋势，且高适宜用地在主城区集中成片分布，而在外围则比较分散，尤其以武湖、吴家山、蔡甸、纸坊和阳逻等区域出现以现状居住集群为中心的高适宜度用地点状分布。可以看出，一方面，居住用地适宜性主要受现状用地功能和配套服务设施的影响，评价结果中高适宜性的用地都是依托或毗邻于原有居住用地，主要因为现有的基础设施和服务设施会为居住用地提供良好的发展基础；而另一方面，依托于现状向外扩张的发展趋势会受到地形地貌和生态环境的限制。例如，位于西北的盘龙组团，由于毗邻长江支流和后湖水体，生态敏感性较高，虽然具备良好的现状居住组团和服务设施条件，在评价结果中依然没有出现高适宜性。

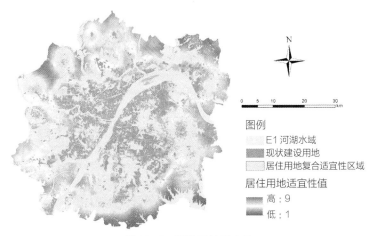

图 10-3　居住用地适宜性

10.4.2　其他四类建设用地适宜性评价

分别建立公服、商服、工业和物流仓储用地的适宜性评价指标体系，根据同样的方法得出四类用地的适宜性评价结果，如图 10-4 所示。其中，公服和商服用地

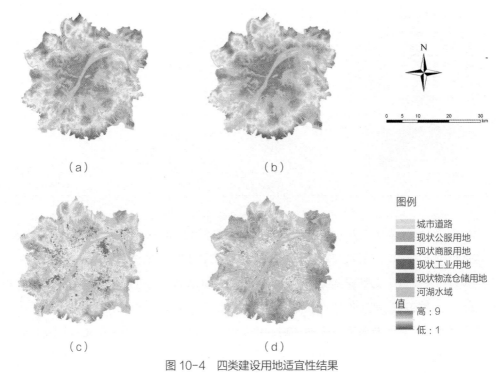

图 10-4　四类建设用地适宜性结果

（a）公服用地；（b）商服用地；（c）工业用地；（d）物流仓储用地

的适宜性评价结果较为类似（图 10-4 a、b），适宜度均呈现由主城区向外围新城组团逐渐降低的现象。反之，工业用地和物流仓储用地的适宜性评价结果显示，高适宜性的用地呈散点状分布于外围的新城组团，具体表现为北部新城组群的武湖组团、西北新城组群的吴家山子团、西南方向的汉阳和沌口等地区工业用地高适宜性。类似地，物流仓储用地在主城区内适宜性也较低，其高适宜性区域主要集中在外围的盘龙、武湖、吴家山等组团。

通过比较五类用地的适宜性评价结果可知，公服和商服用地受居住用地发展和轨道交通建设的影响较大，高适宜地区具有沿轨道交通线路向郊区化蔓延的趋势。主城区内的工业和物流仓储用地适宜性较低，具有逐渐被居住用地、公共管理与公共服务设施用地以及商业服务业设施用地置换的可能。

10.5　建设用地复合适宜性分析

"复合适宜性"定义为：若地块同时适宜于两类或多类建设用地开发建设，则具有复合适宜性；若地块仅适宜于一类建设用地，则无复合适宜性，或称为单类适宜用地。具体量化方式如下：将五类用地的适宜性评价结果重分类为不适宜、低适宜、中等适宜和高度适宜四类（图 10-5），进行等级划分和赋值（1~3，3 表示适宜性最高），

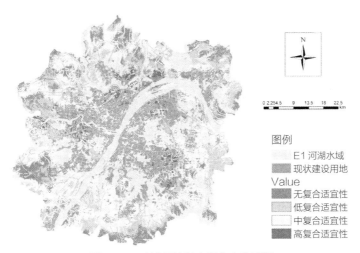

图 10-5　建设用地复合适宜度分析图

每个用地单元均可采用一个五位数列表示其复合适宜性结果。

在 ArcGIS 中利用模型构建工具构建复合适宜性分析模型，经过模型的叠加运算，得到栅格数值从（11111）到（33333）的不同类型的栅格值。根据上述复合适宜性定义，可根据 "3" 或 "2" 的个数把具有复合适宜性的栅格分为不同强度等级的三类：高复合适宜度区域、中等复合适宜度区域和低复合适宜度区域。对栅格数据进行统计得到，都市发展区内约 85% 的用地都具有复合适宜性，而非复合适宜性区域约占 15%。从图 10-5 可以看出，非复合适宜性用地零星分布于都市区外围，其余大部分区域都具有复合适宜性。

10.6　小结

建立精细化的适宜性评价体系，研究城市多类建设用地的适宜性，有助于科学合理地确定城市用地布局，促进城市用地优化配置。本章通过构建居住、公服、商服、工业和物流仓储五类用地的适宜性评价指标体系，分析多类建设用地的复合适宜性，并可依据复合适宜性结果，有针对性地对建设用地的分区规划提供指引。

参考文献

[1]　陈晨，宋小冬，钮心毅 . 土地适宜性评价数据处理方法探讨 [J]. 国际城市规划，2015（1）：70–77.

[2]　戴忱 . ArcGIS 缓冲区分析支持下的城市规划用地布局环境适宜性分析 [J]. 现代城市研究，2013，（10）：22–28.

[3]　喻忠磊，庄立，孙丕苓，等．基于可持续性视角的建设用地适宜性评价及其应用 [J]. 地球信息科学学报，2016，18（10）：1360–1373.

[4]　王骏骏，江滢，赵国庆，等．基于 GIS 的用地适宜性评价方法及应用——以新加坡怀化生态工业园概念规划为例 [J]. 规划师，2011（4）：52–56.

[5]　丁庆，张杨，刘艳芳．基于 RS 和 GIS 的武汉市工业用地生态适宜性评价 [J]. 国土与自然资源研究，2011（5）：56–58.

[6]　钮心毅，宋小冬．基于土地开发政策的城市用地适宜性评价 [J]. 城市规划学刊，2007（2）：57–61.

城乡规划定量分析方法

第 11 章

基于 TerrSet 软件模拟的
生态空间管控优化

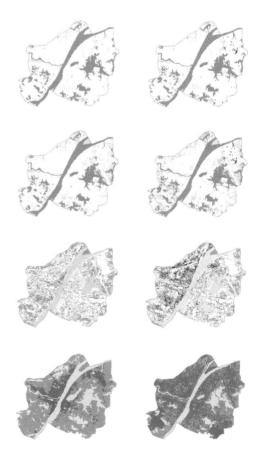

生态空间具有为城镇提供生态服务功能，支撑经济、社会长远发展的关键作用。科学的生态空间规划方法对国土空间优化具有重要指导意义。本章以"情景模拟—问题反馈—策略优化"思路，采用复杂系统理论、人工智能模拟技术，结合 TerrSet 土地利用变化软件（LCM）预测模拟不同生态规划情景影响下的城镇空间扩张格局，从而判别生态规划内容、编制技术、规划实施存在的问题。基于量化模拟结果，结合当前空间规划体系的统筹管理、协同共治内在要求，有针对性地提出适用于武汉的生态空间管控优化策略。该方法以城市空间客观的历史演变为依据，能够直观地预测生态规划实施的城市空间发展，具有较强的可操作、可移植性，可为我国城市生态空间管控提供技术分析支持。

11.1　基本介绍

生态空间是指具有自然属性，以提供生态系统服务或生态产品为主导功能的国土空间 [1]。它是城市生态系统维持正常运转的重要物质空间，对城市可持续发展具有重要的支撑作用 [2]。随着我国城镇化进程的加快，无序的城镇空间扩张导致生态空间被逐渐侵占。面对资源约束趋紧、环境污染严重、生态系统退化的严峻形势，生态空间保护尤其重要性。在全要素统筹管控、多任务协调背景下，探索与空间规划体系相协调的生态空间管控新方法，成为当前的工作重点。

TerrSet 土地利用模型（以下简称 LCM）包含规划管控介入、基础设施模拟、交通模拟模块，能够模拟、预测、评估、分析、优化复杂城市系统，有效地辅助城市规划决策[3, 4]。它能够通过城市历史增长的机理，模拟预测不同需求下的城市空间扩张，从而直观地为生态规划提供参考。本章探讨基于 LCM 模型的城市生态空间规划方法研究与应用。

11.2 研究区域及数据

武汉地处长江中游，自然资源得天独厚，长江、汉水交汇，且接纳南北支流入汇，大小湖泊密布，形成湖沼水网。地形以丘陵、平原为主，南北垄岗、丘陵环抱，构成了极具特色的沿江滨湖临山城市生态格局。然而，近年来,由于武汉市扩张迅速，山湖纵横交织的生态格局逐渐被建设用地包围、渗透，生态用地保护与管控亟待重视。以武汉市为例，本研究从自然地形、土地利用、社会要素、生态规划四个方面，通过查阅政策规划文件、大数据挖掘等方式采集数据以构建城市空间扩张格局模拟模型。具体数据内容及来源见表 11-1，遥感影像解译结果如图 11-1 所示。

研究数据内容及来源 表 11-1

数据类别	数据名称	数据内容	数据来源
自然地形	高程	武汉市高程	中国科学院计算机网络信息中心地理空间数据云平台（http：//www.gscloud.cn）
	坡度	武汉市坡度	
	坡向	武汉市坡向	
土地利用	2003 年、2010 年、2017 年武汉市土地利用遥感解译图像（图 11-1a、b、c）	60m×60m 大小的栅格图像。依据国家土地利用分类体系和研究需要，划分为建设用地、人工荒地、旱地、水田、水体、草地、林地七大类	中国科学院计算机网络信息中心地理空间数据云平台（http：//www.gscloud.cn）
社会要素	公路网	主干道及次干道路网	百度地图爬取得到
	铁路网	过境铁路网	
	居民集聚点位	街道办点位	
	水体区位	长江及各大湖泊区位	
生态规划	湖泊及绿地、山体三线保护范围（图 11-1d）	蓝线为生态用地范围，绿线原则上距蓝线不近于 50 m，灰线原则上距蓝线不近于 200 m（由蓝线至灰线分三级增加建设项目准入管制力度）。山体定义为坡度大于 16 度的地形区	《武汉市中心城区湖泊"三线一路"保护规划》《武汉市山体保护办法》
	全域生态保护框架范围（图 11-1d）	全域生态控制区、城镇建设区界限	《武汉市全域生态框架保护规划》

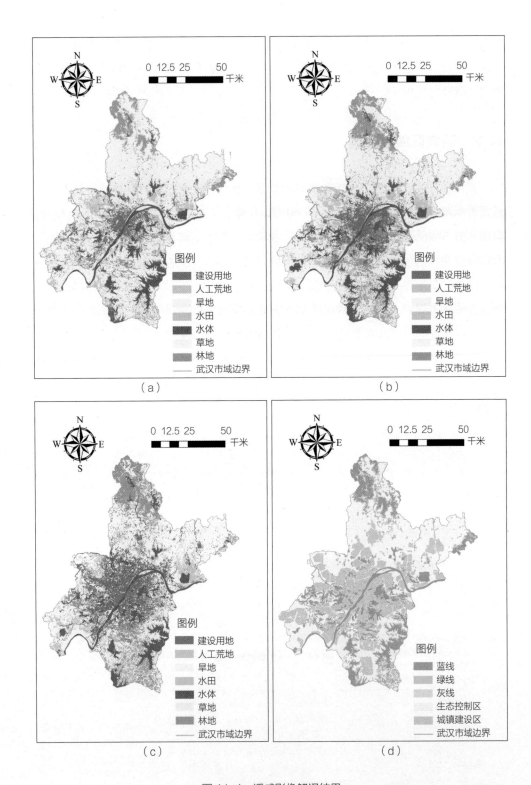

图 11-1 遥感影像解译结果

（a）2003 年；（b）2010 年；（c）2017 年；（d）武汉市全域基本生态控制线

11.3 LCM 空间扩张动态预测

11.3.1 模型构建

LCM 通过历史用地变化规律预测未来用地动态变化，并通过调控规划管控政策参数，得到不同政策实施情景下城市的空间扩张格局结果。包括历史用地变化机制提取、现状用地转换潜力分析、未来用地变化预测和规划管控介入四个部分。能够识别城市空间扩张规律、预估城市发展存在问题、评价规划管控措施成效。模型通过统筹城市发展各影响要素、模拟要素间相互关系，能够逼近城市复杂系统的开放性、自组织性和动态性（图 11-2）。模型具有直观、易用、模拟精度高等优点，在国外土地利用覆盖变化和生态保护的空间模拟领域中已得到了较为广泛的应用。但在我国城市规划中的应用较少。

LCM 模型中，用地转化规则可得到各用地类型间的转换潜力图，是决定模拟结果精度的关键。它通过识别相关性较高的驱动因子，并确定因子与用地转化之间的函数关系。TerrSet 采用多层感知人工神经网络模型（MLP-ANN）对因子与用地转换间的关系进行模拟。三层 MLP-ANN 可逼近任何多项式函数，能够模拟映射非线性复杂关系，能够模拟城市的自适应、自组织特性，有效捕捉城市土地利用转化的复杂特征。

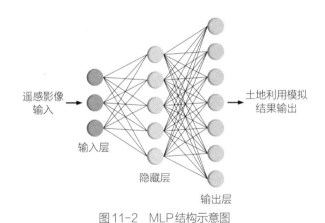

图 11-2 MLP 结构示意图

11.3.2 生态约束情景设置

武汉市生态空间管控历程可分为生态空间整合、重点要素管控和生态格局管控三个阶段。结合管控历程，设置三种情景：空间粗放发展情景（情景 1）、生态要素管控情景（情景 2）和生态格局管控情景（情景 3）。采用 LCM 模型，量化不同情景的生态空间规划策略作为输入，动态模拟各情景下未来城市空间扩张格局。

首先，情景 1 通过提取 2003~2010 年用地演化规律进行模拟，代表未实施具体生态规划、生态空间管制约束最小。其次，情景 2 考虑对生态要素增加管制约束，以 2010~2017 年的用地演化规律为代表，在模型输入数据与驱动因子中设定湖泊、山体、绿地三线的限制开发范围。最后，情景 3 则是对全域生态空间进行格局管制约束，在情景 2 基础上，于"规划管控介入"子模块中，将全域生态要素的三线范围以及《武汉市全域生态框架保护规划》中划定的生态控制区设置为全域生态格局控制范围。本研究设定模型预测目标年为 2035 年。

11.3.3　用地演化驱动因子选取

影响用地空间演化的驱动因子选取是确定模型精度与可信度的关键。基于自然地形因素、社会构成因素、生态规划因素、土地利用因素，通过模型选取确定五大类共 22 项高相关性的驱动因子（表 11-2）。其中，山体、水体、高程要素 Cramer's V 值较高，可知其空间演化具有较高的生态用地依赖性。

LCM 模型因子参数一览表　　　　　　　　　　　表 11-2

因子分类	因子名称	Cramer's V 值	P 值
社会构成因素	距铁路距离	0.1771	0.0000
	距湖泊距离	0.2637	0.0000
	距长江距离	0.2288	0.0000
	距居民点距离	0.1871	0.0000
	距城市支路距离	0.1882	0.0000
	距主干道距离	0.1364	0.0000
自然地形因素	高程	0.2274	0.0000
	坡度	0.1286	0.0000
	坡向	0.1095	0.0000
土地利用因素	建设用地距离	0.1375	0.0000
	人工荒地距离	0.1872	0.0000
	旱地距离	0.1409	0.0000
	水田距离	0.1675	0.0000
	水体距离	0.2313	0.0000
	草地距离	0.1364	0.0000
	林地距离	0.1388	0.0000
生态规划因素	山体三线距离	0.2064	0.0000
	水体三线距离	0.2876	0.0000
	绿地三线距离	0.0568	0.0000
模型中间参数	2010~2017 年用地变化图	0.5034	0.0000
	2010~2017 年用地不变图	0.3583	0.0000
	2010~2017 年间各类用地的建设用地转化图	0.4289	0.0000

11.3.4　模型精度校验

为确保模型预测的可靠性，需采用两年历史数据对模型进行标定与精度校验。本研究以 2010 年为基准年、2017 年为目标年，对模型进行标定并对目标年进行预测。通过 Kappa 系数的计算，将预测的 2017 年结果（图 11-3）与实际结果（图 11-4）进行比对，以检验模型模拟结果的精度。

<table>
<tr><td>图 11-3　LCM模型预测结果</td><td>图 11-4　2017年武汉市土地利用现状图</td></tr>
</table>

本研究的模拟结果采用 Kappa 系数进行精度检验。Kappa 系数是由 Cohen 在 1960 年提出的用于评价遥感影像分类结果的一致性检验方法 [5, 6]。Kappa 系数计算公式为：

$$k = (p_a - p_b)/(1 - p_b) \qquad (11\text{-}1)$$

$$p_a = \frac{\sum_{i=1}^{n} p_{ii}}{N} \qquad (11\text{-}2)$$

式中：p_a 是分类的总体精度，表示对每一个随机样本，分类结果与地面调查数据类型一致的概率；p_b 表示由于偶然机会造成的分类结果与地面调查数据类型相一致的概率；n 为分类的类型数量；N 为样本总数；p_{ii} 为第 i 类型的被正确分类的样本数目。见表 11-3，当 Kappa 系数的值为 1 时，表示结果与实际完全吻合 [7]。

Kappa 系数分类标准　　　　　　　　　　　　　表 11-3

Kappa	<0.00	0.00~0.20	0.21~0.40	0.41~0.60	0.61~0.80	0.81~1.00
一致性程度	很差	微弱	弱	适中	显著	最佳

Kappa 系数计算结果为 0.7476，表示预测结果具有显著的一致性，模拟精度较高。通过图像对比还可以看到，预测结果基本准确复制了 2017 年现状建设用地的范围，且能够体现出长江发展主轴和新城组团绕主城区发展的空间布局结构，证明其能够有效反映武汉市建设用地有序集中和均衡疏散分布的空间布局特征。

11.4　情景模拟结果分析

将标定好参数的模型，输入 2035 年的人口增长预测用地需求，预测三种不同生态情景下空间用地布局与用地转化概率结果。通过从空间扩张潜力、空间扩张布局、生态要素侵占三方面分析各情景模拟结果，以比较分析生态规划的效用，从而判别当前生态空间管控存在的问题。

11.4.1　空间扩张潜力比较

空间扩张潜力反映用地转变为建设用地的概率。图 11-5 显示了各类情景模拟结果的潜力比较。可以看出，空间粗放发展情景中，潜力高的区域主要集中在主城区内部及邻接位置，对山水空间的侵占较大。生态要素管控情景下，空间扩张区域由内城向郊区大幅转移，且长江全线、市域北部及南部山系等生态要素受到规划管控保护，被侵占可能性低。在生态格局管控情景下，主要的扩张区域被有序引导，主要集中在都市发展区以外的城镇建设区域，同时，具有区位优势的北部新城组群、东北侧阳逻地区具有较高开发潜力。

11.4.2　空间扩张格局比较

空间粗放发展情景模拟具有明显的建设用地的集中开发特征。市域形成了汉江 - 光谷高新区与长江发展主轴的沿江、垂江十字空间增量发展结构。都市发展区层面，围绕主城区向心发展趋势明显，而向郊区方向较弱，外围山系、水体保留较完整。主城区建设用地对生态空间的开发过度集中，山水格局遭到严重破坏。

生态要素管控情景模拟保证了主城区原有的山水格局轮廓。但在都市发展区层面和市域层面则呈现出"摊大饼"的快速扩张态势，大量的建设用地围绕主城区连成一片，汤逊湖、大东湖等六大绿楔的绿地空间几乎被完全侵占。市域范围内各县区中心所在地也有较为明显的建设用地增长。

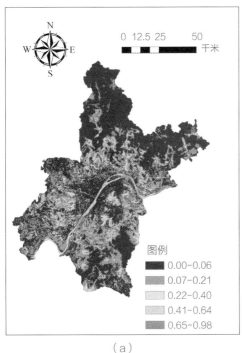

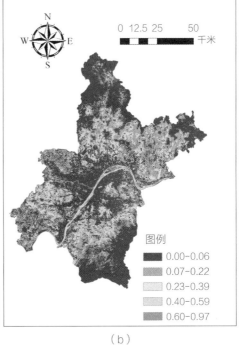

图 11-5 各情景空间扩张潜力

（a）空间粗放发展情景；（b）生态要素管控情景；
（c）生态格局管控情景

生态格局管控情景结果保留了较为完整的生态格局。主城区范围内所有山体、水系、绿地都被完整保留，城市景观系统完整交织，山水格局显露。在市域和都市发展区内，建设用地发展有序集中于生态规划中划定的城镇发展区。此外，武汉市整体呈现外围西部、北部、东部、东南、南部、西南六大新城组团绕主城区发展的"1+6"

空间布局结构，基本实现了《武汉城市总体规划（2010—2020）》中六大城市绿楔嵌入主城区，绿廊贯通的城市空间布局目标。

11.5　优化策略

依据情景模拟结果反映出的生态规划存在的问题，本节从编制技术、规划落实两方面提出优化策略，并探讨管控内涵的扩展方向。

（1）引入辅助决策工具，实现生态保护与城镇发展二元空间协调目标

采用地理模拟模型、规划辅助决策模型等技术工具提升编制技术功能，可满足多任务、多要素统筹考虑的需求，并可通过模拟预判为规划提供前瞻性的决策依据。针对情景模拟所预判的生态空间与城镇空间用地冲突，利用 LCM 模型的情景模拟结果，对《武汉市全域生态保护框架规划》中划定的"生态控制区"与"城镇建设区"范围进行调整优化，以实现生态空间与城镇空间统筹协调发展的目标。

首先，将情景模拟结果进行叠加，明确武汉市全域用地的未来开发潜力，识别开发活动易与生态空间产生冲突的范围。在剔除山水湖泊等核心生态要素空间的基础上，提取三个情景均开发为建设用地的区域，可确定高适宜开发、高冲突的空间范围。提取城镇开发范围内三情景下都未转化为建设用地的区域，可确定为低适宜开发、低开发冲突的空间范围（图 11-6）。

其次，依据各用地的开发潜力、冲突可能，进行管控方式上的调整，以降低城镇扩张与生态保护之间的冲突，实现二元空间的统筹发展、协调共治。将高开发潜力用地从生态空间中划出，改为城镇空间扩张的弹性空间，在未来逐步放宽用地开发限制；将低开发潜力的用地从城镇空间划出，为生态空间补充用地（图 11-7）。通过从生态空间划出弹性空间的方法，能为城市扩张提供高经济适宜性的用地；同时，生态空间的增补，则能提升生态控制线的稳定性，为生态控制线的刚性保护奠定基础。

（2）划定开发风险等级，分级推进生态空间规划管控落实

明确监管范围和管控力度，有利于提前预警和采取针对性的保护措施，提高规划的可操作性。本研究利用情景模拟结果，依托不同生态空间的保护要求，划定了开发风险等级，并针对不同等级提供管控指引。

首先，对山体、水体、绿地各核心生态要素进行开发风险等级的划定。通过计算三情景结果中，新增建设用地中侵占生态要素的面积比例，划定由高至低五个等级的开发风险等级（图 11-8）。可以看出，主城区内生态要素的开发风险较高，尤其是东湖、严西湖、严东湖、南湖、九峰山、马鞍山一带。其次，针对全域生态空间，将三情景结果中的建设用地，与武汉市"三线"及"全域生态控制线"重合的范围，按照蓝线、绿线、灰线、普通生态用地、城镇建设用地的不同保护要求，划定由高

图 11-6　用地开发潜力识别图

图 11-7　生态控制线调整图

至低五个等级的全域监控体系（图 11-9）。依据具体空间对象的开发风险等级和监控体系等级，有针对性地落实规划管控策略。

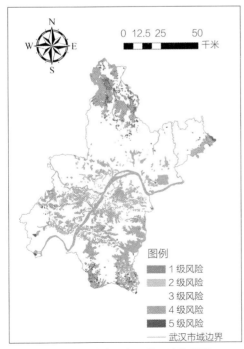

图 11-8　生态要素开发风险等级图

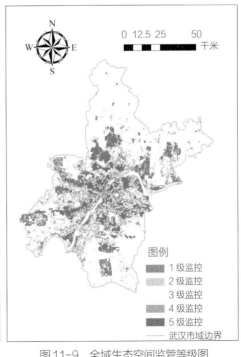

图 11-9　全域生态空间监管等级图

11.6　小结

生态空间的管控优化，是我国当前面临严峻生态问题的现实需求。认知城市系统规律是引导城市空间合理布局、实现城市空间资源科学利用的关键步骤。本章通过 LCM 模型，认知城市的生长方式与规律，构建在不同生态规划管控水平下城市空间扩张的动态模拟。揭示了城市生态规划管控措施存在的问题，并提出了平衡城镇空间弹性管控与生态空间刚性管制的"二元协调"技术路径，构建了生态空间开发风险等级划分的方法体系，从而为城市生态空间管控提供技术支持。

参考文献

[1]　中华人民共和国国土资源部.自然生态空间用途管制办法（试行）[Z]. 2017-3-24.

[2]　徐毅，彭震伟.1980-2010 年上海城市生态空间演进及动力机制研究 [J]. 城市发展研究，2016，23（11）：7-16+65.

[3]　黎夏，叶嘉安，刘小平.地理模拟系统在城市规划中的应用 [J]. 城市规划，2006，30（6）：69-74.

[4]　Clarklabs：land change modeler in TerrSet [EB/OL]. Massachusetts，W-orcester：Clark University，2018[2019-02-17]. https：//clarklabs.org/terrset/land-change-modeler/.

[5]　Cohen，J.，A coefficient of agreement for nominal scales[J]. Educational and Psychological Measurement，1960，20（1）：37-46.

[6]　Cohen，J.，Weighted kappa：nominal scale agreement provision for scaled disagreement or partial credit[J]. Psychological Bulletin，1968，70（4）：213-220.

[7]　许文宁，王鹏新，韩萍.Kappa 系数在干旱预测模型精度评价中的应用——以关中平原的干旱预测为例 [J]. 自然灾害学报，2011，20（6）：81-86.

第 12 章

基于 IC 卡数据的建成环境与公交出行率关系研究

　　合理的城市规划与设计能够提高公交分担率。近年来，建成环境对公交出行率的影响已逐渐引起重视。本章以武汉市为例，基于公交 IC 卡数据，提出分层线性模型研究站点周边建成环境、行政区域的社会经济变量对公交出行行为的复合影响。结果表明，不同分区中站点层面的建成环境对公交出行率的影响程度和作用存在明显差异性。而分区层面的人口密度、公交投入是导致这类差异性的重要因素，并对公交出行率产生加成效应。本章可为公交导向发展理念下的城市规划设计提供一定理论与技术支撑。

12.1　基本介绍

　　我国城市经济发展与城镇化的快速推进，导致机动化出行需求的迅猛增加，诸多城市交通拥堵、交通安全、环境污染、空气质量恶化等系列问题。而大力发展低碳、绿色公共交通，成为系列城市问题的重要解决途径之一。合理的城市物质空间的规划设计有助于减少机动车出行率，提高公共交通分担率，从而进一步引导城市健康发展。在此背景下，探讨城市建成环境与公交出行之间的关系，发展公交导向下的城市空间优化成为城市规划和地理学近年来的研究热点之一。

　　城市建成环境是指为了人类活动而创造出的人造环境，主要通过 5D 变量——用地密度（density）、用地混合度（diversity）、街区设计（design）、目的地可达性（destination accessibility）和站点可达性（distance to transit）影响交通出行行为 [1]。目前，已有大量的研究就建成环境变量与出行行为的车辆行驶里程（VMT）、车辆行驶时间（VHT）、出行距离、出行频率，以及出行模式选择等关键要素之间的关联性进行了研究。尽管如此，在学术界对二者之间的关系并未有统一定论。其中，一些研究表明，城市的高密度集约化发展在减少私家车出行、降低车辆行驶里程以及促进公共交通出行等方面是非常有效的[2, 3]。然而，也有研究表明城市建成环境变量对交通出行行为的影响非常有限，甚至可忽略[1, 4]。可见，不同研究中的建成环境要素与公交出行率之间的关系存在明显差异。

建成环境与交通出行行为之间关系的不一致的研究结果，导致其难以为城市规划与设计实践提供有力的理论与技术支持。相应地，许多学者开始探索不同研究结果产生的原因[1,5-7]。这些原因涉及居民的自组织选择机制、研究数据的空间自相关性、研究样本的误差、研究分析的地理尺度不一致以及研究对象的建成环境现状的不一致性等方面。尽管国内外针对城市建成环境与交通行为之间关系及其差异性结果的原因探讨取得了丰富成果，但仍然存在数据样本数量较小、结果的可信度低、数据样本尺度不同而不具可比性、研究所采用方法无法捕捉地理嵌套数据内在的共享方差特征等局限[8, 9]。

考虑到上述局限性，本章将基于具备样本多、大容量、高精度特点的武汉市智能公交刷卡数据，构建分层线性模型（HLM）分析公交出行行为与领域层的建成环境和区域层的社会经济要素之间的地理嵌套关系，并深入探索不同区域的以上关系存在差异的原因。此外，针对现有文献从理论应用于实践规划指导的缺失，本章将依据分层模型回归结果，对不同社会经济条件和公交发展水平背景下的城市分区，提出可操作性的用地优化策略，以提高公共交通分担率，为低碳导向发展的城市规划提供指导依据。

12.2 研究区域及数据

选取武汉主城区作为研究对象，其占地面积 678 平方公里，常住人口约 515 万人。截至 2016 年，武汉市已开通 345 条市区公交线路，65 条郊区公交线路，1 条城际公交线路，4 条轨道交通线路和 1 条机场快线，线路总长度超过 6600km。采用数据主要包括公交 IC 卡刷卡数据、公交线路与公交站点空间分布数据和土地利用数据。其中，公交 IC 卡大数据来源于武汉市交通发展研究院。在持 IC 卡乘车享八折优惠的公交政策推行下，武汉市公交持卡率已占乘公交总人数的 90% 以上。因此，公交 IC 卡刷卡数据基本覆盖研究范围的 90% 以上公交出行，为真实、全面的公交出行研究提供了保证。选取 2015 年 3 月 23 日（工作日）武汉主城区范围内所有公交刷卡记录，合计 3048576 条。其记录内容包括刷卡卡号、刷卡时间、站点等信息。通过对错误、无效数据进行筛选后，可使用数据为 2975410 条，数据有

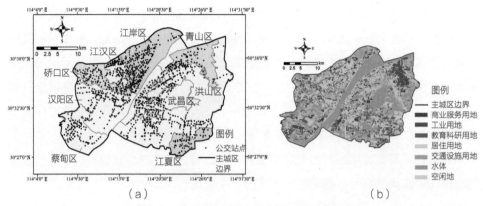

图 12-1 武汉市主城区公交站点与土地利用现状

（a）主城区范围与站点；（b）2015 年土地利用现状

效率达 97.6%。武汉市主城区的公交线路与公交站点的 ArcGIS shape 文件由武汉市公交集团提供，包括公交线路 332 条，公交站点 1615 个，主要信息有公交线路走线、站点名称及其空间位置等（图 12-1a）。武汉市 2010 年用地现状 CAD 数据由武汉市国土资源与规划局提供，包括主城区内各用地类型、占地面积和容积率等信息（图 12-1b）。

结合 ArcGIS 空间分析法与数理统计技术，将公交刷卡数据与站点数据进行空间联合，对相同站点的刷卡记录进行汇总，得到每个站点的公交出行次数（图 12-2a）；结合站点 500m 范围内的各类建筑面积与人均用地指标，估算服务范围内人口数据，得到每个站点的公交出行率（图 12-2b）。通过 ArcGIS 缓冲分析与交叉统计等工具，计算每个站点周边建成环境变量。根据站点所处空间位置，对不同分区的站点进行分类，并统计每个分区层面的社会经济数据，为双层模型建立提供数据准备，以定量分析社会经济要素、环境建成和公交出行三者间的内在关系。

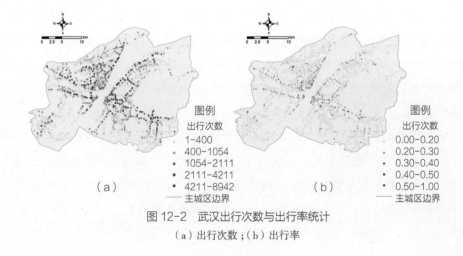

图 12-2 武汉出行次数与出行率统计

（a）出行次数；（b）出行率

12.3 基于复合影响因素的公交出行分层线性模型

12.3.1 分层线性模型建立

分层线性模型（Hierarchical linear model，HLM）又称多层线性模型（Multilevel linear model，MLM），其特点是能够通过对不同层级的嵌套结构变量进行数学统计分析，有效地解释群体与个体间不同层面的变量对研究对象的关系和作用。其基本原理是将个体层面作为回归的第一层面，进行普通的回归分析，解释为同一群体中因变量与自变量之间的关系；将群体层面作为回归的第二层面，解释群体层面中自变量与个体层面中回归系数和截距之间的关系，即第一个层面的个体差异与其所在群体层面的要素的关系，所以 HLM 可以说是"回归的回归"。

本研究通过建立站点周边邻域层和行政分区层的双层线性统计模型，分析因变量公交出行率与邻域层的建成环境变量、行政分区层的社会经济变量之间的关系。邻域层的各站点嵌套于其所在的行政分区中，因此，将邻域层视作第一层的个体层，而行政分区层则为第二层的群体层。各层模型分为固定效应和随机效应两部分，固定效应表明相应变量与公交出行率之间的关系，而随机效应则体现各层面差异带来的误差。其中第一层的邻域层的随机误差项来源于每个站点周边建成环境的个体差异，而第二层的分区层取决于不同分区的社会经济变量的群体差异。

本研究的双层模型可以表述为：

Level-1：
$$Y_{ij} = \beta_{oj} + \sum_p \beta_{pj} X_{ij}^p + \gamma_{ij} \tag{12-1}$$

Level-2：
$$\beta_{0j} = \gamma_{00} + \sum_q \alpha_{qj} Z_j^q + \mu_{0j} \tag{12-2}$$

$$\beta_{pj} = \gamma_{p0} + \sum_q w_{qj} Z_j^q + \mu_{pj} \ (p=1,2,\cdots,\overline{p}) \tag{12-3}$$

首先，第一层式（12-1）定量描述建成环境变量对公交出行率的影响。i 表示第一层的第 i 个站点邻域（i=1，2，…，m），j 表示第二层第 j 个行政分区（j=1，2，…，n）；Y_{ij} 为第 j 个行政分区内第 i 个站点的公交出行率；X_{ij}^p 表示站点领域层的第 p 个建成环境变量，β_{pj} 为其对应的回归系数；β_{0j} 和 γ_{ij} 分别为第一层模型的截距和随机项。

其次，第二层分为两个部分，式（12-2）用于定量描述行政分区的社会经济变量对公交出行率的影响；式（12-3）则表示上层模型中的各变量影响差异与行政分区的社会经济变量之间的关系。Z_j^q 为第 j 个行政分区的第 q 个社会经济变量；α_{qj} 为对应社会经济变量的系数，代表相应变量 Z_j^q 对公交出行率的影响程度；γ_{00} 和 μ_{0j} 分别表示行政分区的社会经济变量对 β_{0j} 的影响的截距和随机成分；同理，w_{qj} 定量确定分区的社会经济变量 Z_j^q 对引起上层中建成环境变量对公交出行率的影响的差异性

β_{pj} 的贡献，而 γ_{p0} 和 μ_{pj} 为对应的回归截距和随机项。

上述所构建的双层模型，能够定量解释公交出行率 Y_{ij} 是如何受到个体层面（站点邻域内的建成环境指标）和群体层面（行政分区的社会经济属性）中各因素影响的。

12.3.2 建成环境因素

基于现有数据，上层模型主要通过站点周边 500m 范围的密度（Density）、多样性（Diversity）、公交站点可达性（Distance to stop）和目的地可达性（Distance to destination）四个方面指标，建立建成环境变量与公交出行率之间的关系（图 12-3）。其中，密度指标（X_{ij}^1）为 500m 范围内的建筑密度；站点可达性指标则采用 ArcGIS 的欧氏距离分析工具计算得到；多样性指标（X_{ij}^2）通过土地利用混合度计算，具体如下式：

$$X_{ij}^2 = -\sum_k s_i^k \ln s_i^k \ (k = 1, 2, \cdots, \bar{k})　　　　（12-4）$$

式中：s_i^k 为研究站点 i 在其周边 500m 范围内的 k 类用地面积占总用地面积的比例。

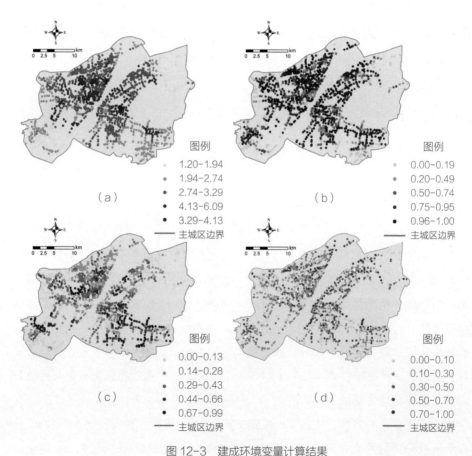

图 12-3　建成环境变量计算结果

（a）建筑密度；（b）用地混合度；（c）距公交站点距离；（d）距目的地距离

12.3.3 社会经济因素

研究范围内行政分区作为城市的组成部分，不同分区人口规模、经济发展、公交投入等要素会因自身的地理环境和发展定位而产生差异，从而对居民出行方式的选择产生不同的影响。基于研究范围内 9 个分区层，选取人口密度、人均收入和公交投入三个社会经济要素变量，以探讨群体层面的分区对公交出行率的影响，并分析其是否为导致上层建成环境变量对公交出行率的影响的差异性的诱因。武汉市各辖区的社会经济因素由统计年鉴得出。其中，位处中心城区的江汉区、硚口区和武昌区的人口密度较高，均高于 2 万人 /km²；而处在远城区的蔡甸区和江夏区人口密度较低。各辖区年人均收入高于 2.4 万元，其中江岸、江汉区和武昌区相对较高。在公交投入方面，江汉区、硚口区和江岸区公交投入水平较高，公交基础设施发展较好。

12.4 公交出行率影响因素分析

12.4.1 建成环境对公交出行影响分析

本研究通过对自变量进行多重线性检验，采用逐步回归方法，得到第一层模型结果见表 12-1。

上层站点公交出行率与建成环境关系模型结果 表 12-1

建成环境变量	行政区				
	江岸区	江汉区	武昌区	洪山区	蔡甸区
密度	1.999***	−2.541***	−1.233**	1.890***	1.261**
多样性	—	—	1.596***	—	1.189***
公交站点可达性	—	−0.601**	—	—	−0.298*
目的地可达性	−4.251***	−1.177*	—	−2.208***	—
截距	−4.137***	−0.222***	−2.534***	−4.461***	−5.117***

注：*、**、*** 分别表示在 10%、5%、1% 显著水平上通过检验。

上层模型结果表明，硚口区、汉阳区、青山区和江夏区的公交出行率与建成环境不具有明显相关性，而其余五个区则呈现较显著的线性耦合关系。在这五个耦合较好的分区中，其建成环境变量的影响方向、程度也具有明显差异。其中，经济发展、交通投入都比较优越的江岸区和洪山区，密度指标和目的地可达性占主导因素，密度越高、目的地可达性越高则公交出行率越高。具体而言，以江岸区公交出行率回归结果为例，"建筑密度"变量的系数 1.999 说明，若建筑密度增加一个单位，则公交出行率将增加 1.999 倍；而"距目的地距离"因素系数为 –4.251 表明，若距离因素增加一个单位，则公交出行率将减少 4.251 倍。

发展较弱的蔡甸区，用地混合度和公交站点可达性与公交出行率密切相关，混合度越高、站点可达性越好，则公交出行率越高。其中，用地混合度较高的地区多为较为密集的中心地区，相对于蔡甸区内的其他周边范围，其公交设施配套较好，因此公交出行率较高。

与其他区明显不同的是，江汉区和武昌区，具有建筑密度与公交出行率成反比的特征（系数分别为 –2.541、–1.233），即建筑密度越大，公交出行率越低。实际上，武昌区和江汉区的高校分布较多，而高校通常建筑密度普遍较低，而较低收入的大学生群体是公交客流的重要构成部分；另一方面，这两个区的高密度集中区域，比如武广商圈、王家墩 CBD 等大型商业中心，基本被现有运营的地铁线路 1、2 号线覆盖，导致在这些高密度区轨道交通方式成为主要公共交通方式，常规公交出行率较低。

总体而言，建成环境变量在不同行政区的上层回归结果显示影响结果存在明显差异性。针对这类差异性，下层模型将重点探讨行政区层的社会经济变量与差异性形成的关系，以及与公交出行率的关系。

12.4.2　社会经济要素对公交出行影响分析

下层模型结果如表 12–2 所示，其中第 2 列数据对应于模型式（12–2）的结果，代表社会经济变量与上层模型结果的截距之间的量化关系；而 3~6 列则对应于式（12–3）的结果，代表社会经济变量与上层模型中建成环境各变量的斜率之间的关系。第二列中，人口密度和公交投入对上层模型截距的回归系数分别为 0.174 和 0.856，且显著性较强，表明除站点邻域层建成变量以外，行政分区层面的人口密度和公交投入因素也是影响公交出行率的重要因素：分区人口密度越高、公交投入越大，则公交出行率越高。

式（12–3）回归结果表明，分区的人均收入对建筑密度与用地混合度的斜率呈显著正相关，值分别为 2.229 和 3.245。这个结果隐含两个层面的意思：首先，分区层面的人均收入是导致上层站点范围的建筑密度与用地混合度对公交出行率影响差异性的重要原因；其次，人均收入通过影响建筑密度和用地混合度的回归系数，进一步对公交出行率产生正面的加成效应。同样，分区的公交投入对建筑密度呈显著正相关（2.488），即建筑密度对公交出行率的影响的差异性，部分来源于分区层面的公交投入；同时，公交投入因素则通过影响建筑密度的回归系数，从而对公交出行率产生加成效应。

下层行政分区层社会经济与上层结果回归模型结果　　　表 12-2

上层结果 下层变量	截距	斜率			
		建筑密度	用地混合度	距公交站点距离	距目的地距离
	β_{0j}	β_{1j}	β_{2j}	β_{3j}	β_{4j}
人口密度	0.174**	1.270*	0.550	−0.311	1.519
人均收入	0.213	2.229***	3.245***	−0.924	−1.887
公交投入	0.856*	2.488***	2.160	−0.48	0.841
常数	−3.294*	1.717**	1.393***	−0.450***	−2.545*

注：*、**、*** 分别表示在 10%、5%、1% 显著水平上通过检验。

综合双层模型结果可以看出，不同区内的站点邻域层的建成环境变量对公交出行率影响存在差异性；而分区层面的人均收入、公交投入是导致这类差异性的重要因素。除建成环境变量之外，人口密度对公交出行率也存在显著正相关影响。该模型从理论上解释了建成环境变量对公交出行率影响存在差异性的原因。

12.5　小结

本研究旨在揭示公交出行率与建成环境、社会经济变量之间的理论关系，以有针对性地提出相应的优化策略，从而从根源上提高公交出行率。基于武汉公交 IC 卡大数据和空间分析法，本研究通过建立双层线性统计模型，分析因变量公交出行率与邻域层的建成环境变量、行政分区层的社会经济变量之间的关系。

研究结果显示，建成环境变量在不同行政区的上层回归结果显示影响结果存在明显差异性。比如，江岸区和洪山区，密度指标和目的地可达性占主导因素，密度越高、目的地可达性越高则公交出行率越高。蔡甸区，则用地混合度和站点可达性与公交出行率密切相关。而江汉区和武昌区，却具有建筑密度与公交出行率成反比的特征。针对这类差异性，下层模型重点探讨行政区层的社会经济变量与差异性形成的关系，以及与公交出行率的关系。下层结果显示除站点邻域层对建成环境变量以外的，行政分区层面的人口密度因素是影响公交出行率的重要因素：分区人口密度越高，则公交出行率越高。同时，分区层面的人均收入、公交投入是导致这类差异性的重要因素，并通过影响建成环境变量，对公交出行率产生加成效应。总之，该模型从理论上解释了建成环境变量对公交出行率影响存在差异性的原因。

城乡规划定量分析方法

参考文献

[1]   Stevens, M.R., Does compact development make people drive less?[J]. Journal of the American Planning Association, 2017. 83（1）: 7–18.

[2]   Frank L, P.G., Impacts of mixed use and density on utilization of three modes of travel: Single occupant vehicle, transit, and walking[J]. Transportation Research Record, 1995. 1466.

[3]   Cervero, R. and K. Kockelman, Travel demand and the 3Ds: Density, diversity, and design[J]. Transportation Research Part D: Transport and Environment, 1997. 2（3）: 199–219.

[4]   Handy, P.M.X.C.S., Cross-sectional and quasi-panel explorations of the connection between the built environment and auto ownership[J]. Environment and Planning A, 2007. 39（4）: 830–847.

[5]   Ewing, R., G. Tian, T. Lyons, Does compact development increase or reduce traffic congestion?[J]. Cities, 2018. 72: 94–101.

[6]   Lei Zhang, J.H.H., Arefeh Nasri, Qing Shen, How built environment affects travel behavior: A comparative analysis of the connections between land use and vehicle miles traveled in US cities[J]. Journal of Transport & Land Use, 2012. 5.

[7]   Hong, J., Q. Shen, and L. Zhang, How do built-environment factors affect travel behavior? A spatial analysis at different geographic scales[J]. Transportation, 2014. 41（3）: 419–440.

[8]   Boarnet, M.G., S. Sarmiento, Can land use policy really affect travel behavior? A Study of the Link between Non-Work Travel and Land Use Characteristics. 1996.

[9]   Pan, H., Q. Shen, M. Zhang. Influence of urban form on travel behavior in four neighborhoods of Shanghai. in Transportation Research Board 86th Annual Meeting. 2007.

第13章

城市建设对暴雨内涝
空间分布的影响研究

　　城市内涝灾害频繁，用地开发与空间扩张被普遍认为是其致因之一。对比武汉市遥感数据，1984~2017 年，超过 30% 的自然水体被填占开发，城市建设开发活跃、填湖造陆强度大。以武汉市为例，采用二项 Logistic 模型，定量分析不同降雨强度情景下的内涝影响因素。研究表明，填湖造陆将极大地增加极端降雨情景下城市滨水区域的内涝风险。城市地形地势、排水管网条件、用地类型以及邻域用地结构等因素，也直接影响内涝风险。基于两种不同的用地开发策略，预测城市内涝风险结果显示，城市用地的不当开发将引致严重内涝风险。依据内涝风险的空间分布预测结果，提出了相应的改善策略，以为科学地制定防涝减灾规划提供参考。

13.1　基本介绍

　　城市内涝是因短时强降水或过程雨量偏大造成地表径流过多，在地势低洼、排水不畅等情况下形成积水的自然灾害。近年来，我国多个大城市的暴雨洪水与内涝灾害频发，城市内涝防治已成为公众普遍关注的重大问题。住房和城乡建设部及水利部数据显示，2007~2015 年，全国超过 360 个城市遭遇内涝，其中六分之一单次内涝淹水时间超过 12 小时，淹水深度超过 0.5m。2010~2016 年，我国平均每年有超过 180 座城市进水受淹或发生内涝。气候变化下极端天气频现与城市雨岛效应的双重作用下，内涝灾害常发生在人口密集的高度城市化地区，加剧了对人们生产生活的危害，包括巨额的经济损失、对公共健康与安全的威胁等 [1]。

　　本章基于历史遥感数据与内涝渍水实测数据，通过构建二项 Logistic 模型，定量研究城市建设及填湖造陆活动对内涝风险的影响，并进一步模拟预测不同用地开发策略下的内涝风险及其空间分布，针对不同用地类型提出差异化的防洪排涝策略，从而为低影响开发的城市建设提供技术支撑。

13.2 研究数据与方法

13.2.1 研究区域与数据来源

武汉市跨长江发展，全市下辖 13 个行政区，其中主城区包括 10 个行政区，分别为江岸区、江汉区、硚口区、汉阳区、武昌区、洪山区、青山区、东西湖区、蔡甸区、江夏区。本章选择武汉市主城区作为研究区域（图 13-1），主城区内湖网密布，且地势低洼、暴雨降水频繁，以致内涝灾害频发[2]。2016 年 7 月武汉遭强降雨袭击，城市内涝严重。连降七日的暴雨导致全市 200 多处重要交通干道渍水，受灾人口多达 100 万，直接经济损失 39.96 亿元。以武汉市主城区为案例，探讨城市建设活动对武汉市内涝灾害的影响，并为城市规划实践提供防灾减灾对策具有重要现实意义。

本研究采用的数据包括 30m 分辨率的 Landsat 遥感影像图、30m 分辨率的数字高程模型（DEM）、土地利用现状图、内涝渍水空间分布图及排水管网分布图。其中，遥感影像图包括 1984 年 8 月的 1 景 Landsat4–5 MSS 影像数据，以及 2017 年 7 月的 1 景 Landsat 8 OLI/TIRS 影像数据，均通过中国科学院数据中心下载获取，用于识别自然水体的空间变化状况。DEM 从美国地质调查局网站获取。武汉主城区 2017 年土地利用现状图通过武汉市规划研究院获取，用于提取影响内涝渍水的

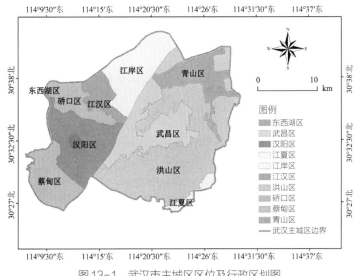

图 13-1 武汉市主城区区位及行政区划图

城市建设因素。内涝渍水空间分布图及排水管网分布图通过武汉市水务局网站获取，用于明确一般和极端降水情景下的渍水空间分布、计算排涝能力。文中所有图像统一采用 WGS1984 地心坐标系，通用横轴墨卡托投影（Universal Transverse Mercator）。

通过采用 ENVI、CAD、ArcGIS10.2 和 MATLAB 2019a 等一系列工具进行数据读取、预处理，以建立研究所需数据库。ENVI 用于解译遥感影像数据，以提取用地分类信息。MATLAB 2019a 中的图像处理和数据分析工具则用于分析各城市建设因素与内涝风险之间的关系。为与 30m 分辨率的历史遥感影像数据以及 DEM 数据相匹配，将所有数据转换为 30m×30m 的栅格数据。30m 属于中等分辨率精度，是当前遥感解译及土地覆被变化研究中较常用的研究精度。该精度可较清晰表达本研究的渍水分布、用地类型等目标地物信息，可分辨渍水及地类的较小图斑，能够反映地图数据的基本空间变化，满足本研究精度需要。研究区域划分为 753334 个栅格，其中每个栅格代表一个空间单元对象，记录存储数据的空间信息（如地理位置、用地类型和洪涝风险等）。在此样本数量条件下，MATLAB 数据处理速率较快，可以同时满足运算效率与结果质量的需求。

13.2.2 内涝渍水空间分布

基于武汉市降水特征，考虑两种情景下的内涝渍水风险，分别是：一般降雨情景（24 小时—95 毫米）和极端降雨情景（24 小时—249 毫米）。图 13-2 中的深蓝色区域表示两种情景下武汉主城区内涝渍水的空间分布。如图 13-2 可见，在一般降雨情景下，渍水空间较少，主要以散点状零星沿长江、汉江分布。而在极端降雨情景下，出现大面积的城市建设用地渍水，且以主城区中部及北部人口密集的江岸区、江汉区、硚口区受灾范围最广。

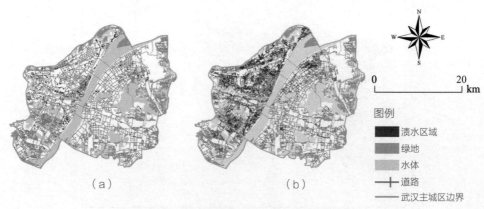

图 13-2 两种降雨情景下的内涝渍水空间分布
（a）一般情景；（b）极端情景

13.2.3　水域时空变化分析

由于城市建设活动加强，武汉市水域空间被填占现象严重。为直观地看出武汉城市空间增长对水域（包括长江、汉江）的侵占情况，本研究将 1984 年和 2017 年的遥感影像图进行解译分类（图 13-3），叠加 2017 年土地利用现状图（图 13-4），统计对比 33 年间的用地变化（表 13-1），揭示侵占水域的具体用地类型（图 13-5）。

由表 13-1 可见，与 1984 年相比，2017 年，武汉主城区的建设面积增长迅猛，增至 3 倍；而水域和绿地面积急剧减少。其中水域面积减少了 30.68%，约以平均每年 1% 的速度被填占。通过叠加 33 年间水域被填占范围图与 2017 年土地利用现状图，可以识别出占用水域的具体用地类型。在被填占的水域面积中，仅 18.93% 转变为绿地，剩余 81.07% 全部转化成城市建设用地，包括居住用地、交通用地、商服用地以及工业用地。其中，转化成居住用地和交通用地的面积占比最大，分别达到 34.61% 和 27.25%（图 13-5）。交通用地对水域的填占主要由武汉跨江发展、湖泊众多的空

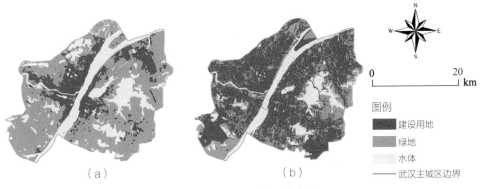

图 13-3　遥感影像图解译分类结果

（a）1984 年；（b）2017 年

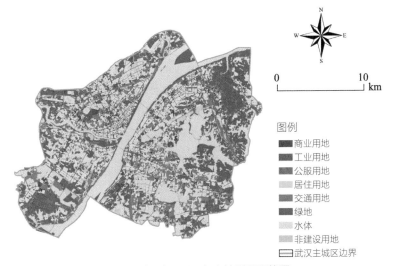

图 13-4　武汉市 2017 年土地利用现状图

间特征与城市交通发展的冲突导致；而居住用地占比高则由其亲水性需求和住房商品化的经济利益驱动双重原因引致 [3, 4]。

武汉市主城区 1984~2017 年土地利用变化　　　　　表 13-1

年份	建设用地（km²）	绿地（km²）	水体（km²）
1984 年 *	122.84	397.05	170.90
2017 年	364.09	208.23	118.47
变化	+241.25	−188.82	−52.42

注：* 表示以 1984 年为基准年，2017 年用地变化情况，增加用"+"表示，减少用"−"表示。

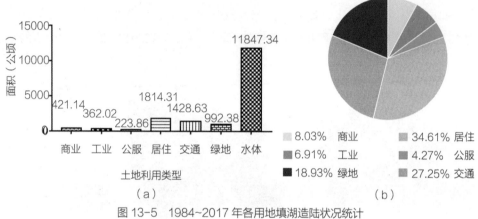

图 13-5　1984~2017 年各用地填湖造陆状况统计
（a）面积统计；（b）占比统计

13.2.4　城市建设对内涝渍水影响模型构建

对应于城市雨水的"排、蓄、渗、蒸发"四种排水方式，影响渍水空间分布的城市建设因素主要包括：地形地势、排水管网条件、地面不透水性、土地利用类型以及填湖造陆活动五大类别。本研究采用二项 Logistic 模型来识别城市建设因素与内涝风险之间的关系。该模型已被广泛应用于预测各类事件发生的可能性，具有非线性的特征，在捕捉自然及社会领域各要素间的非线性关系方面具备突出优势 [5, 6]。

二项 Logistic 模型由响应变量、解释变量及其对应的相关系数构成。模型的响应变量遵循二项式分布，代表每一栅格是否发生内涝。模型中各解释变量的重要性能通过相关系数体现，有助于分析城市建设活动对内涝风险的影响程度。模型公式可描述为：

$$u_i=\beta_0+\beta_1 x_{i1}+\beta_2 x_{i2}+\cdots+\beta_j x_{ij} \tag{13-1}$$

$$p_i=\frac{exp\ (u_i)}{1+exp\ (u_i)} \tag{13-2}$$

其中，u_i 代表用地栅格 i 的效用函数，即解释变量的组合。x_{ij} 代表第 i 个用地栅格上的第 j 种城市建设活动因子。p_i 是响应变量，代表第 i 个用地栅格上的内涝风险。β_0，β_1，$\cdots$，和 β_j 为需要标定的相关系数。β_0 为常数，β_1，$\cdots$，和 β_j 可定量描述各因子对内涝发生概率的作用和影响强度。

本研究为解释变量的选择设定了三个原则，即显著性、高拟合优度和无多重共线性。通过迭代拟合直到所有不符要求的变量被移除，五类城市建设因素中的八项因子被挑选为最终的解释变量。首先，地形地势因素包括高程（x_{i1}）以及邻域内海拔最低（x_{i2}）两项因子。其中，"邻域"由 3×3 的摩尔邻域空间范围定义，即"邻域内海拔最低"因子用于界定该栅格具有其邻域 8 个栅格范围内的最低海拔。直观而言，海拔高度对雨洪的排蓄有重要影响，某一空间尺度的最低位置通常具有较高的洪水风险。其次，考虑武汉排水管道的空间分布，城市排水条件可以由距排水管网的距离（x_3）表示。为便于统计分析，距离数值通过自然断点法重分类为三个级别。第三，地表不透水性（x_4）是根据不同用地类型的不透水率定义得到的，道路、建设用地、绿地和水体具备由高至低的不透水率，因而被分别赋值为 3、2、1 和 0。第四，x_5、x_6、x_7 三项因子用于表示用地类型，包括是否为绿地栅格，邻域内的绿地栅格数量以及水体栅格数量。具体数据内容见表 13-2。

城市建设因素指标体系　　　　　表 13-2

因素分类	解释变量	数据统计分析			数据量解释
		最大最小值	平均值	标准差	
地形地势因素	高程（x_1）	[-5, 101]	27.338	7.899	栅格实际高程数值
	邻域内海拔最低（x_2）	[0, 1]	0.103	0.305	若 Moore 邻域内该栅格海拔最低，值为 1；若 Moore 邻域内该栅格海拔非最低，值为 0
排水管网条件	距排水管网距离（x_3）	[1, 3]	1.944	0.830	$0 \leq$ 距离 $\leq 30m$，值为 3；$30m <$ 距离 $\leq 100m$，值为 2；$100m <$ 距离，值为 1
地表不透水性	各类用地不透水率（x_4）	[0, 3]	0.622	1.066	道路不透水率，值为 3；建设用地不透水率，值为 2；绿地不透水率，值为 1；水域不透水率，值为 0
土地利用类型	栅格用地类型为绿地（x_5）	[0, 1]	0.171	0.377	栅格为绿地类型，值为 1；栅格不是绿地类型，值为 0
	邻域绿地栅格个数（x_6）	[1, 8]	1.360	2.704	Moore 邻域中绿地栅格的个数：值为 1~8 的整数

续表

因素分类	解释变量	数据统计分析			数据量解释
		最大最小值	平均值	标准差	
土地利用类型	邻域水体栅格个数（x_7）	[1，8]	0.721	2.106	Moore 邻域中水体栅格的个数：值为 1~8 的整数
填湖造陆因素	1984~2017年间被填占的水域栅格（x_8）	[0，2]	0.033	0.178	未填湖非水域的栅格，值为 0；水域转绿地的栅格，值为 1；水域转城市建设用地的栅格，值为 2

13.3　模型结果与讨论

13.3.1　城市建设因素对内涝渍水空间分布的影响

采用 ArcGIS 空间分析与 MATLAB 2019 统计工具，对一般降雨情景与极端降雨情景下的 Logistic 模型进行回归分析。采用最小二乘法对回归参数进行标定，得到城市建设因素对内涝渍水空间分布的影响。两种情景所涉及的解释变量一致，但拟合的响应变量分别为一般降雨情景和极端降雨情景渍水分布图（图 13-2）。为确保样本数据的科学合理性，回归样本数据包含全部渍水用地栅格与等数量的非渍水用地栅格。其中，非渍水用地栅格样本采用 Monte Carlo 方法进行随机选取 [7]。Monte Carlo 方法是通过统计模拟来选择样本数据的随机方法，可通过对每个统计模拟的估计样本求平均来获得稳定的样本数据。由此选取的一般和极端降雨两种情景下的回归样本栅格数量分别为 25846 和 145022 个。

在变量取值方面，表 13-3 中的 8 项解释变量均归一化至 [0，1] 区间，以消除量纲不一致对统计分析的影响。响应变量由两个情景下实际渍水的空间分布图生成，若栅格 i 渍水，则 P_i 赋值为 1，否之赋值为 0。将各变量的样本数据代入模型，通过最小二乘法计算得到等式（13-1）中的相关系数 β_j。两种情景下的参数回归结果见表 13-3，所有相关系数的 P 统计值都在 1% 以内，统计显著性高，显示模型具有良好的拟合效果。模型的回归参数能够定量地捕捉各因素与渍水风险的关系。

地形地势因素统计结果中，一般与极端降雨情景的高程回归参数分别为 -0.521 和 1.990，表明一般降雨情况下，高程越高的地方，被淹没风险越小；而极端降雨情况下，高程高的地方也有较大的淹没风险。通过对比遥感影像图和数字高程地图，可以发现武汉市整体海拔偏低、坡度平缓，因而大幅度地减缓了地面的径流运动，使得较高海拔地区在极端降雨的情形下也易出现渍水。邻域内海拔最低因子回归结果的正向系数表明，若该栅格为邻域内海拔最低，则渍水风险高。

排水管网条件统计结果中，两个情景下"距排水管网距离"因子的回归系数分别为显著负相关的 -1.378 和 -1.385。一般降雨情景的回归系数为 -1.378，预示着每接近排水管网一个单位的距离，渍水的风险就会增加 1.378 个单位。这意味着到道路排水管道距离越近，被淹没风险越高。其原因可以解释为：一方面，因排水的需要，排水管口通常属于邻域范围内地势较低的区域，因此容易渍水[8]；另一方面也反映了武汉主城区的排水管网设施不足，在降雨期间易出现排水倒灌现象，导致逢雨淹路现象严重。为应对长时地表强径流带来的内涝威胁，提升排水设施系统的洪水排泄能力十分必要。

地表不透水性因素统计结果中，两个情景下"用地不透水性"因子的回归系数为显著正相关的 3.112 与 1.380。量化验证了城市化进程中不透水面的增加会加剧城市内涝的风险，与既有的研究结论一致[9]。土地利用属性因素统计结果中，"用地类型为绿地"因子的负值回归系数表明，相比建设用地，具备透水表面的绿地栅格渍水风险较低。然而，"邻域绿地栅格个数"的正值回归系数显示现状渍水的高风险建设用地，往往周边绿地较多。绿地是雨洪的重要载体，与大面积绿地毗邻的栅格会有较高的渍水风险。此外，"邻域水体栅格个数"因子与渍水风险的正相关关系，表明滨水空间的渍水可能性较其他用地高，这与内涝渍水的现状空间分布（图 13-2）相吻合。

特别地，"填湖造陆用地"因素的回归参数分别是 -0.202 与 0.116，即填湖造陆用地在一般降雨情景下与渍水风险呈显著负相关，而极端降雨情景下呈显著正相关。这是由于一般降雨情景下仅产生少量的地表径流，此时填湖造陆用地的渍水风险并不比常规陆地风险高。但在极端降雨情况下，地表雨洪径流大幅增加，建设用地的填占导致湖泊水体的蓄洪能力下降，滨水的填湖造陆用地渍水风险则相对提升，往往成为被淹没的对象。该结果表明填湖造陆在极端降雨情景下，将成为加剧城市内涝的重要因素（表 13-3）。

两种降雨情景下二项 Logistic 回归结果　　　　　　表 13-3

解释变量		一般情景（95 毫米—24 小时）			极端情景（249 毫米—24 小时）		
		回归系数	T-统计量	P-值	回归系数	T-统计量	P-值
地形地势因素	高程（β_1）	-0.521	-2.616	***	1.990	22.944	***
	邻域内海拔最低（β_2）	0.188	3.924	***	0.086	4.500	***
排水管网条件	距排水管网距离（β_3）	-1.378	-25.268	***	-1.385	-61.811	***

续表

解释变量		一般情景 （95 毫米—24 小时）			极端情景 （249 毫米—24 小时）		
		回归 系数	T- 统计量	P-值	回归 系数	T- 统计量	P-值
地表 不透水性	各类用地不透水 性（β_4）	3.112	11.299	***	1.380	14.697	***
土地利用 类型	栅格用地类型为 绿地（β_5）	−2.224	−10.984	***	−1.104	−15.798	***
	邻域绿地栅格个 数（β_6）	2.076	8.602	***	3.866	41.569	***
	邻域水体栅格个 数（β_7）	1.865	14.908	***	1.233	26.057	***
填湖造陆 因素	1984~2017 年间被 填占的水域栅格 （β_8）	−0.202	−2.601	***	0.116	5.902	***
常数项（β_0）		0.683	8.177	***	0.212	6.184	***

注：-代表不显著，* 为显著性水平 10%，** 为显著性水平 5%，*** 为显著性水平 1%。

13.3.2 内涝灾害风险分布图预测

内涝灾害风险分布图可以通过识别不同降雨情景下各地块的内涝风险程度，确定防灾措施的优先级别，可为灾害应对策略及相关规划的制定提供参考。基于上述城市建设因素对涝水空间分布影响的标定结果，采用 ArcGIS 空间分析工具与 MATLAB 模拟仿真技术，对两种用地空间布局策略进行内涝灾害风险分布模拟。用地策略 I 为现状城市建设用地空间分布基准模式，用地策略 II 为假设所有绿地及非建设用地栅格都变为建设用地的极端用地开发模式。具体模拟方法为：首先，根据两种用地策略的空间布局，更新式（13-1）中的五类城市建设变量；其次，基于标定的二项 Logistic 模型，将两种用地策略的城市建设变量及对应的标定系数代入式（13-2），计算得到不同开发模式下各栅格的城市内涝风险预测结果。图 13-6 显示了一般与极端降雨两种情景下，不同用地开发策略的城市内涝风险空间分布图。为可视化风险程度，利用 ArcGIS 的自然断点法将涝水风险划定为 7 个等级，等级越高，风险越高。

由图可见，极端降雨情景（图 13-6c、d）涝水风险明显高于一般情景（图 13-6a、b）。在一般情景中，武汉市主城区大部分区域的涝水风险都在 3 级以下，仅有少量滨水区域承担较高的涝水风险，且中部地势较高的建设用地涝水风险较低。相比之下，极端情景的预测结果显示，主城区中部的大片区域将面临较高的涝水风险，尤其在图 13-6d 中，大量的滨水区有被淹没的风险。

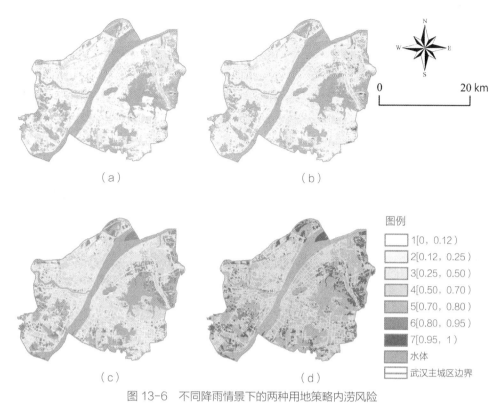

图 13-6 不同降雨情景下的两种用地策略内涝风险

（a）一般情景下策略 Ⅰ 结果；（b）一般情景下策略 Ⅱ 结果；（c）极端情景下策略 Ⅰ 结果；
（d）极端情景下策略 Ⅱ 结果

在各类降雨情景中，用地策略 Ⅱ（图 13-6b、d）的渍水风险明显高于用地策略 Ⅰ（图 13-6a、c）。渍水风险模拟的结果进一步说明，绿地及非建设用地的开发建设将加剧城市内涝的风险。这预示了当前迫切需要制定相关的空间用途管制规划，以严控各项建设活动在高内涝风险用地中的开展，从规划源头预防城市内涝风险导致的危害。

13.3.3 城市内涝防治建议

适宜的应对策略有助于降低内涝灾害的危害。对于大尺度的城市建成区而言，不同用地类型应采取不同的防灾减灾策略，以确保因地制宜地提升用地防灾的能力[1]。在《城市用地分类与规划建设用地标准》GB 50137—2011 所划定的用地大类基础上，根据内涝防治策略的差异性，针对用地的硬化程度、开发强度、布局特征、排涝设施基础等不同特性，将用地分为四大类：Ⅰ类用地，包括道路与交通设施用地；Ⅱ类用地，包括居住用地、公共管理与公共服务用地、商业服务业设施用地、物流仓储用地、公用设施用地；Ⅲ类用地，包括工业用地；Ⅳ类用地，包括绿地与广场用地、非建设用地。将内涝灾害风险分布预测图与土地利用现状图叠加，可

城乡规划定量分析方法

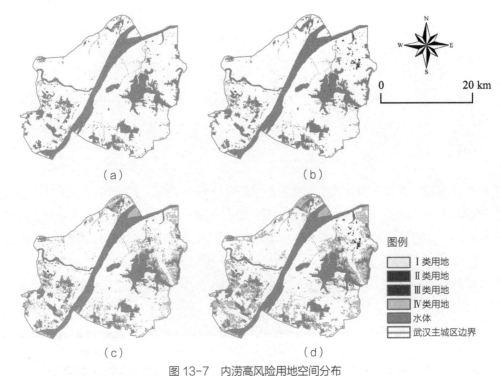

图例
　　□ I 类用地
　　■ II 类用地
　　■ III 类用地
　　▨ IV 类用地
　　▨ 水体
　　▢ 武汉主城区边界

图 13-7　内涝高风险用地空间分布
（a）一般情景下策略 I 结果；（b）一般情景下策略 II 结果；（c）极端情景下策略 I 结果；
（d）极端情景下策略 II 结果

得到具有高内涝风险的用地范围，如图 13-7 所示（对应图 13-6 风险等级为 6、7 的空间范围）。一般降雨情景下，两种用地策略下高风险的城市建设用地分布较少（图 13-7a、b）。而在极端降雨情景中（图 13-7c、d），特别是用地策略 II 中（图 13-7d），大量现状绿地及非建设用地将面临高等级渍水风险。在制定城市建设控制规划的过程中，可将极端降雨情景下的绿地及非建设用地范围作为管控的参考范围。

　　图 13-7 中四类用地的内涝风险防治策略应各有侧重。首先，对风险高的城市道路交通设施用地（I 类），需合理优化其地下敷设的排水系统布局，加强管网建设，强化排水应急管理。其次，针对渍水风险高的居住、商业、物流和公服设施用地（II 类），可采用敷设透水铺装，并借鉴低影响开发理念的雨水花园、屋顶绿化模式，以吸收储存雨水并缓解地表径流。通过推广韧性社区的建设，逐步提升居住及公服用地的防灾、抗灾能力。再次，针对渍水风险高的工业用地（III 类），应充分考虑对既有雨水调蓄和回收循环设施的利用。工业用地具有连片布局的特点，适宜布局具有高效雨洪处理能力的大型设备，可资源化利用雨水、减少雨水径流及外排量，以减轻雨水管渠的排涝压力，降低内涝风险。最后，针对渍水风险高的绿地、非建设用地（IV 类），应限制开发且制定相关控制指标，防止对湖泊、绿地和其他未利用地

进行过度开发和不当开发，保障自然水体及绿地对雨洪的下渗和储藏能力，采取源头控制的方法来避免或降低灾害导致的人力、财产损失。通过提升排水系统的排泄能力、扩大地表下渗量、增强雨水储存能力、充分循环利用雨水资源、减少地表径流量，可有效地预防和减轻城市涝灾的影响。

13.4　小结

本章以武汉市主城区为实证案例，通过历史遥感影像图对比提取填湖造陆活动范围，采用二项 Logistic 回归分析模型量化城市建设因素和填湖造陆活动对内涝空间分布的影响。并模拟不同用地开发模式下武汉市主城区的内涝风险分布，为城市内涝灾害风险管理提供直观的辅助决策依据。针对不同用地类型的特性，应采用差异化的内涝防治策略。道路交通用地应注重优化其地下敷设排水管网的布局、提升排洪能力；居住、商业和公服设施用地应实践低影响开发理念，采用雨水花园、屋顶绿化等海绵城市雨洪管理技术提升社区韧性；工业用地可布局大型雨洪循环处理设备，降低雨水管渠排涝压力；应防止湖泊、绿地及其他未利用地的过度开发，保障水资源自然下渗和储藏能力。

需要指出的是，各项城市建设因子与内涝风险之间的关系是复杂的、非稳态的，需要在未来的研究中引入地理加权回归方法展开更进一步的分析。除本研究已考虑的因素之外，内涝缓解与应急管理能力也是影响城市内涝的重要因素。因此，有必要在模型构建过程中将内涝的持续时间纳入考量，以更精确地量化评估内涝灾害的影响程度。尽管存在以上局限性，本研究所构建的模型尝试模拟城市建设活动带来的影响，可为内涝防治规划的编制和低影响开发规划提供依据和支撑，同时为海绵城市的规划建设和方案优化提供决策支持。

参考文献

[1] Louise B，Karin W，Isadora D M T，et al. Urban flood resilience-A multi-criteria index to integrate flood resilience into urban planning[J]. Journal of Hydrology，2019，573（6）：970-982.

[2] Liu Jie，Shi Zhenwu. Quantifying land-use change impacts on the dynamic evolution of flood vulnerability[J]. Land Use Policy，2017，65（6）：198-210.

[3] Wen Haizhen，Bu Xiaoqing，Qin Zhongfu，et al. Spatial effect of lake landscape on housing price：A case study of the West Lake in Hangzhou，China[J]. Habitat International，2014，44（44）：31-40.

[4] Yang Yongchun，Zhang Deli，Meng Qingmin，et al. Stratified evolution of urban residential spatial structure in China through the transitional period：A case study of five categories of housings in

Chengdu[J]. Habitat International，2017，69（7）：

[5]　　Sado-Inamura Y，Fukushi K. Empirical analysis of flood risk perception using historical data in Tokyo[J]. Land Use Policy，2019，82（3）：13-29.

[6]　　Zhao Liyuan，Peng Zhongren. LandSys：an agent-based Cellular Automata model of land use change developed for transportation analysis[J]. Journal of Transport Geography，2012，25（11）：35-49.

[7]　　Kroese D P，Brereton T，Taimre T，et al. Why the Monte Carlo method is so important today[J]. Wiley Interdisciplinary Reviews Computational Statistics，2014，6（6）：386-392.

[8]　　Emilia K. The interaction between road traffic safety and the condition of sewers laid under roads[J]. Transportation Research Part D Transport & Environment，2016，48（10）：203-213.

[9]　　Leandro J，Schumann A，Pfister A. A step towards considering the spatial heterogeneity of urban key features in urban hydrology flood modelling[J]. Journal of Hydrology，2016，535（4）：356-365.

第 14 章

城市用地对 PM2.5 浓度
分布的影响研究

深度学习模型通过建立具有阶层结构的人工神经网络实现人工智能模拟。较传统神经网络模型和统计学模型，深度学习具有更好的模拟效果。基于卷积神经网络的语义分割模型可较好地实现位置对应的图像分类。本章将借助深度学习语义分割模型特有的位置对应及分类功能，研究城市用地与PM2.5浓度分布之间的关系，从而为有效缓解PM2.5空气污染提供针对性策略。

14.1　基本介绍

当前，我国PM2.5污染问题十分严峻，严重影响了居民的健康和交通出行。如何有效缓解PM2.5污染，成为改善人居环境的迫切需求。作为反映城市用地功能和空间关系的载体，城市用地布局对PM2.5污染的影响研究已成为城市规划学科研究的焦点之一[1]。

现有研究主要采用SPSS相关性分析、回归模拟分析和GIS空间分析等方法展开[2]。伴随着各大数据发展背景，人工智能、机器学习成为研究热点。深度学习作为一种新颖的机器学习方法，具有训练快、精确度高等特点，已成功运用于人脸识别、遥感影像、生物医学等领域[3, 4]。

通过建立具有阶层结构的人工神经网络实现人工智能，较传统神经网络模型和统计学模型，深度学习模型具有更好的模拟效果。基于卷积神经网络的语义分割模型可较好的实现位置对应的图像分类[5, 6]。本章将借助语义分割模型，基于多源数据，以武汉都市区为例，基于深度学习仿真模拟技术，研究城市不同用地类型与PM2.5

污染空间分布之间的关系，识别影响 PM2.5 浓度分布的关键因素，并有针对性地提出用地优化策略，以期指导城市规划实践。

14.2　研究区域与数据

选取武汉都市区作为研究对象，其占地 3261km^2，如图 14-1 所示。使用的原始数据包括空气质量监测站点数据、PM2.5 浓度数据、武汉市行政区划数据、用地现状数据以及气象数据。其中，考虑的气象因素为平均温度和风力。对于深度学习仿真模型使用的数据，本研究借助 Excel、CAD、ArcGIS 对其进行读取、处理、分析，采用克里金插值和栅格转换工具，将气象数据、用地现状数据和 PM2.5 浓度分布数据转换为 10m×10m 的栅格数据（图 14-2）。

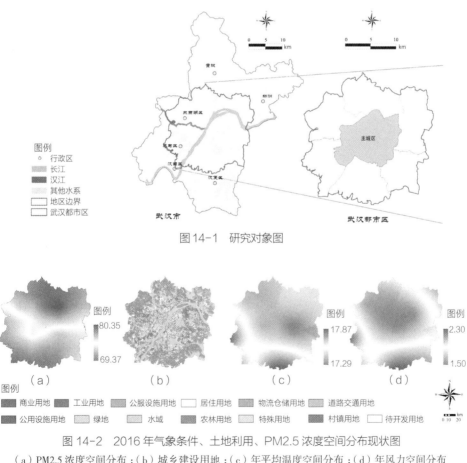

图 14-1　研究对象图

图 14-2　2016 年气象条件、土地利用、PM2.5 浓度空间分布现状图
（a）PM2.5 浓度空间分布；（b）城乡建设用地；（c）年平均温度空间分布；（d）年风力空间分布

为更加明晰地预测 PM2.5 浓度变化，在构建模型前将 PM2.5 浓度按照自然间断的方法划分为三类，见表 14-1。

PM2.5 浓度分类一览表	表 14-1

PM2.5 浓度范围	赋值
69.37~72.35	1
72.36~75.87	2
75.88~80.35	3

因武汉都市区的范围相对较大，每个自变量数据包含 6997 列 × 6767 行的数据矩阵。若直接将数据输入模型进行训练，会造成内存溢出。因此，需选取矩阵较小、大小相同的样本数据集，分批输入模型进行训练。利用 ArcGIS 软件将武汉都市区2016 年的风力、平均温度、用地现状和经分类后的 PM2.5 栅格数据，裁剪成 2650个 128 行 × 128 列的小栅格样本。因研究范围为不规则图形，位于范围边界的方格矩阵存在缺失值，需将其周边的方格进行删除，得到 1835 个小栅格样本。为实现样本一一对应，需对每个样本进行编号。模型输入输出的样本数据如图 14-3 所示。

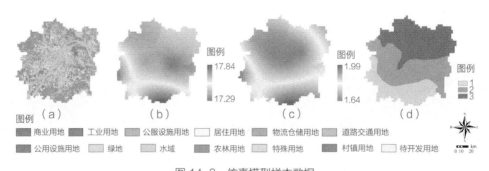

图 14-3　仿真模型样本数据

（a）用地现状；（b）平均温度；（c）风力；（d）PM2.5 浓度分类

14.3　基于深度学习的仿真模拟构建

14.3.1　模型框架

首先，采用 U-net 模型进行迁移学习，预测 PM2.5 浓度等级。U-net 模型是基于卷积神经网络的语义分割仿真模型，可对图像的每个像元按照不同类别进行分组，并使分割前后的图像大小与仿真模拟的图像大小相同，从而实现空间位置的一一对应，具有较好的空间模拟效果。其仿真模拟过程如图 14-4 所示。

其中，仿真模型中的卷积神经网络主要由卷积层、池化层、激活函数、批标准化层、损失函数、全连接层以及 Dropout 层组成。下面将介绍下主要组成部分的原理。考虑到本章仅基于卷积神经网络来搭建语义分割模型，且批量输入的样本数量较少，未利用全连接层和批标准化层，将不赘述全连接层和批标准化层的具体原理。

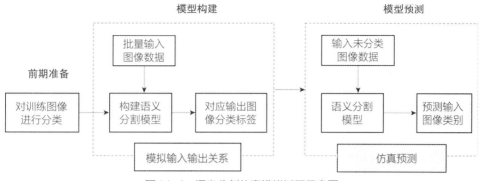

图 14-4　语义分割仿真模拟过程示意图

（1）卷积层

卷积层（convolutions layer）是 CNN 的重要组成部分，主要通过一定数量的卷积核在图像上滑动提取图像特征，并将提取的特征图像通过组合形成卷积层输出，输出特征图像的数量与卷积核的数量相同。简而言之，通过卷积运算建立用地现状、平均温度和风力等特征图像与 PM2.5 浓度空间分布之间的关系模型，并提取影响 PM2.5 浓度分布的关键影响因素。卷积运算的具体过程，见公式（14-1）：

$$x_j^{l+1} = f\left(\sum_{i \in M_j} x_i^l \times w_{ij}^{l+1} + b_j^{l+1}\right) \tag{14-1}$$

式中：x_j^{l+1} 为第 l 层第 j 单元的输出值，f 为激活函数，M_j 为卷积核与输入特征图像的对应位置，x_i^l 为第 l 层第 i 单元的输入特征，w_{ij}^{l+1} 为第 l 层第 i 单元与第 $l+1$ 层第 j 单元之间的权重，b_j^{l+1} 为第 $l+1$ 层第 j 单元的偏置。若输入 3×3 的特征图像，卷积核的大小为 2×2，卷积核的滑动步长为 1，则其运算过程如图 14-5 所示。

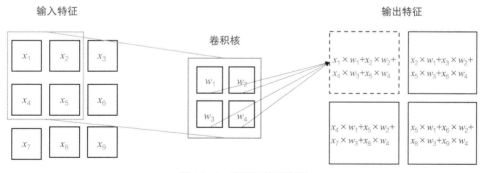

图 14-5　卷积运算示意图

经过卷积运算后，其特征图像大小的计算公式如下：

$$W' = \frac{W - k + 2 \times padding}{Stride} + 1 \tag{14-2}$$

$$H' = \frac{W-k+2\times padding}{Stride}+1 \qquad (14-3)$$

式中：W'、H'分别为卷积后图像的宽度和高度，W、H分别为卷积前图像的宽度和高度，k则为卷积核的宽度，$padding$是零填充的宽度，零填充的目的在于精确控制输出图像的大小，$Stride$是卷积核的滑动步长。

（2）池化层

池化层（pooling layer）是下采样层的一种，旨在对卷积后所提取的影响PM2.5浓度空间分布的关键因素进行压缩，从而提高整个网络的计算效率。它对空间区域的所有影响PM2.5浓度空间分布的关键因素进行统计，根据统计的结果来代表影响该区域PM2.5浓度的关键因素。每次池化后所得到的特征图大小公式如下：

$$W' = \frac{W-k}{Stride}+1 \qquad (14-4)$$

$$H' = \frac{H-k}{Stride}+1 \qquad (14-5)$$

式中：W、H分别为池化前图像的宽度和高度，W'和H'则分别为池化后图像的宽度和高度，$Stride$、k分别为滑动步长和卷积核大小。

现有研究表明最大池化函数（max pooling）降维效果最好，其作用即当池化窗口滑动到特征图像的对应位置时，取窗口内的最大值作为该位置的输出，从而更好地保留图像上的特征。其具体操作如图14-6所示。

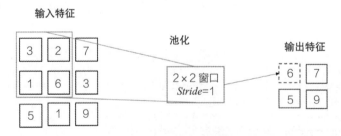

图14-6 池化运算示意图

（3）激活函数

激活函数旨在对卷积神经网络进行非线性变换，促使网络具有模拟非线性函数的能力。本章在构建神经网络结构时主要采用Relu函数作为其主要激活函数。其运算公式如下：

$$f(x) = f(x) = \begin{cases} 0, & x \leqslant 0 \\ x, & x > 0 \end{cases} \qquad (14-6)$$

（4）Dropout 层

在卷积神经网络中，Dropout 层旨在通过随机删除部分神经元，促使部分神经元组合成子网络进行训练，从而减少神经元的相互依赖或部分神经元的过度依赖，提升网络鲁棒性，防止模型过拟合。如图 14-7 所示，Dropout 神经网络每层有部分神经元未连接，其在网络训练时，没有连接的神经元参数将不再更新，而剩余的神经元构成子网络进行训练。当然，Dropout 每次训练时仅让部分神经元连接构成子网络，并非将神经元真正删除。通过多次训练形成不同的子网络，最后组合成总神经网络。

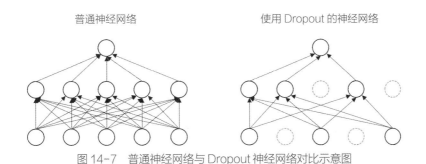

普通神经网络　　　　　　　　　　使用 Dropout 的神经网络

图 14-7　普通神经网络与 Dropout 神经网络对比示意图

（5）U-net 模型结构

U-net 模型最早应用于医学图像的语义分割，由左半部分的压缩通道和右半部分的扩展通道组成，因结构呈 U 状得名。压缩通道为经典的卷积神经网络，通过重复采用 2 层卷积和 1 层池化来有效捕捉输入图像的特征信息。在本章中，主要通过左边的压缩通道，结合卷积和池化运算来有效提取影响 PM2.5 浓度空间分布的关键因素。而扩展通道则通过 1 次反卷积将特征图的通道数减半，并将左边对应压缩通道提取的特征与右边的特征图进行融合，重新组成 2 倍大小的特征图。随后，再进行 2 次卷积以提取更多的图像特征，并恢复输入图像的像素尺寸，从而将提取的特征信息精确定位到输入图像的具体空间位置。本章的输入图像为土地利用现状和气象条件数据，输出为 PM2.5 浓度分类。

14.3.2　模型输入及训练

（1）模型输入

通过将影响 PM2.5 浓度分布的相关因素作为输入神经元，PM2.5 污染作为输出神经元，对深度学习模型进行训练，从而构建不同影响因素与 PM2.5 浓度分布之间的关系模型。

本章主要研究融入气象条件的城市用地布局对 PM2.5 浓度分布的影响，选取 2016 年武汉都市区 15 个特征作为输入变量，包括 13 个土地利用属性、2 个气象条件特征。土地用地现状为特征标签，若直接将各类用地赋值为数值，用地类型的数值大小不同，会促使用地本身的权重不同，从而影响模拟效果。为较好地利用 U-net 模型对样本数据进行迁移学习，利用 One-Hot 编码对各类用地现状进行独立的特征存储，转换为 13 个包含单一用地类型的特征值，从而形成包含平均温度、风力在内的 15 个输入特征数据集。其中，13 个单一用地类型分别为居住（R）、公共管理与公共服务（A，简称"公服用地"）、商业（B）、工业（M）、物流仓储（W）、道路与交通设施（S，简称"道路交通"）、公用设施（U）、绿地与广场（G）、水域（E1）、农林（E2）等用地。

（2）模型训练

由上文可知，每个输入变量共有 1835 个样本集。利用 Python 构建的语义分割仿真模型，将 80% 的样本用于训练，20% 的样本用于验证。验证样本主要用于监督网络的训练过程，从而测试当前网络的模拟准确率。通过反复微调参数，重新训练输入样本数据集，最终达到较好的拟合效果。其中，训练集的准确率为 98.51%，测试集的准确率达 84.95%，其预测效果较好。表 14-2 为模型的主要参数，图 14-8 为训练集和验证集的拟合过程。

模型参数设置 表 14-2

参数	设置
Stride（步长）	1
Kernel（卷积核数量）	32
Filter（卷积核大小）	3×3
Lr（学习率）	0.00001
min_lr（最小学习率）	0.0000001
Padding（零填充宽度）	Same
Batch_size（批量大小）	4
Epochs（迭代次数）	120

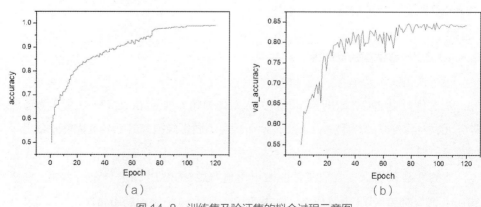

图 14-8　训练集及验证集的拟合过程示意图

（a）训练集准确率提升示意图；（b）验证集准确度提升示意图

14.3.3　模型预测结果验证与分析

为充分验证此次构建模型的预测效果，将全部的自变量样本数据集输入模型，预测 PM2.5 浓度分类。结果显示，其预测结果的准确度达 96%，模型精度较高。通过对预测结果的图片进行重新组合，得到 PM2.5 污染分类预测分布图。由图 14-9 可以看出，PM2.5 污染现状分布图与模型仿真的预测结果大致相似。其进一步表明，该模型的拟合程度可很好地反映各类要素与 PM2.5 污染空间分布之间的关系。

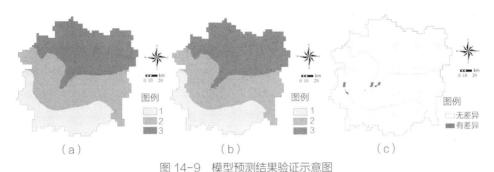

图 14-9　模型预测结果验证示意图

（a）PM2.5 污染分类现状空间分布；（b）仿真模拟结果空间分布；
（c）PM2.5 现状与仿真模拟空间分布差异

14.4　不同用地类型对 PM2.5 浓度分布的影响研究

城市用地类型对 PM2.5 浓度分布具有重要影响。为检验八大类城市用地类型对 PM2.5 浓度分布的影响，分别对应设定八种情景：商业用地情景、工业用地情景、公服设施用地情景、居住用地情景、物流仓储用地情景、道路交通用地情景、公用设施用地情景和绿地情景。具体方法是：将城市建设用地假设全部转换为八种不同的建设用地，并将其分别输入仿真模型，通过分析不同假设情况下 PM2.5 浓度的分布，探讨不同用地类型的影响。

分别将以上八种情景图像与平均温度、风力气象因素，依次输入模型，预测得到 PM2.5 浓度空间分布结果，如图 14-10 所示。其中，颜色越深代表 PM2.5 浓度越高，而颜色越浅则 PM2.5 浓度越低。

通过比较不同情景结果可看出，研究区域南部的 PM2.5 污染大致相同，但中、北部空间分布差异较大。对比各个情景 PM2.5 浓度高值的覆盖面可知，情景 4、1、5、6 的 PM2.5 污染较严重的区域明显大于其他情景，而情景 8 的 PM2.5 浓度高值的覆盖范围明显低于其他情景。也就是说，工业、居住、道路交通、物流仓储四类用地增加，会导致 PM2.5 污染面明显高于其他类型。而绿地开发则会明显降低 PM2.5 值。总体来看，通过 PM2.5 污染程度比较可知，引起的 PM2.5 污染程度由高到低的用地类型顺序分别为：工业、居住、道路交通、物流仓储、商业、公用、公服、绿地。

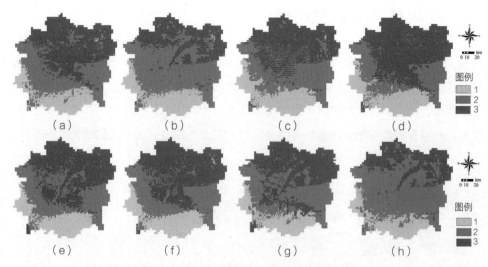

图 14-10 不同情景下的 PM2.5 预测结果

（a）商业用地情景；（b）工业用地情景；（c）公服设施用地情景；（d）居住用地情景；
（e）物流仓储用地情景；（f）道路交通用地情景；（g）公用设施用地情景；（h）绿地情景

14.5 小结

本章引入深度学习仿真模拟技术，基于多源空间数据，构建了气象条件、城市用地类型与 PM2.5 污染之间的关系模型。通过不同情景设置，量化研究了城市用地类型对 PM2.5 浓度分布的影响。结果表明，工业、居住、道路交通、物流仓储、商业、公用、公服等建设用地引发的 PM2.5 污染依次降低，而绿地对 PM2.5 污染具有良好的消散作用。结合影响分析结果，可有针对性地提出改善 PM2.5 污染的优化策略。其理论研究结果可应用于改善 PM2.5 污染的城市规划空间实践，从而为科学治理 PM2.5 污染提供规划层面的技术指引。

参考文献

[1] 苏维，赖新云，赖胜男，等.南昌市城市空气 PM2.5 和 PM10 时空变异特征及其与景观格局的关系 [J]. 环境科学学报 . 2017，37（7）：2431–2439.

[2] 潘骁骏，侯伟，蒋锦刚.杭州城区土地利用类型对 PM2.5 浓度影响分析 [J]. 测绘科学 . 2017，42（10），110–117.

[3] Khan, M. A., Kwon, S., Choo, J., et al. Automatic detection of tympanic membrane and middle ear infection from oto–endoscopic images via convolutional neural networks. Neural Networks 2020.

[4] Qinghua, H., Yonghao, H., Yaozhong, L., et al. Segmentation of breast ultrasound image with semantic classification of superpixels. Medical image analysis 2020，61.

[5] Ma, J. W., Czerniawski, T., Leite, F., Semantic segmentation of point clouds of building interiors with deep learning: Augmenting training datasets with synthetic BIM-based point clouds. Automation in Construction 2020, 113.

[6] Won, M. J., Thomas, C., Fernanda, L., Semantic segmentation of point clouds of building interiors with deep learning: Augmenting training datasets with synthetic BIM-based point clouds. Automation in Construction 2019, 113.